U0254462

标准化养殖场

标准化长方形池塘

标准化多边形池塘

大水面网箱养殖

船体养殖

鱼苗孵化池

■ 标准化鱼苗培育车间

■ 标准化加工车间

现代渔业提升工程·水产标准化健康养殖丛书

斑点叉尾鮰
标准化健康养殖技术

王宇锋　唐国盘　秦改晓　编著

中原农民出版社

·郑州·

图书在版编目(CIP)数据

斑点叉尾鮰标准化健康养殖技术/王宇锋,唐国盘,秦改晓编著. 郑州:中原农民出版社,2016. 2
(现代渔业提升工程·水产标准化健康养殖丛书/张西瑞主编)
ISBN 978-7-5542-1386-5

Ⅰ. ①斑… Ⅱ. ①王… ②唐… ③秦… Ⅲ. ①鲶鱼-淡水养殖-标准化管理 Ⅳ. ①S965. 128

中国版本图书馆 CIP 数据核字(2016)第 040301 号

斑点叉尾鮰标准化健康养殖技术
王宇锋 唐国盘 秦改晓 编著

出版社:中原农民出版社
地址:河南省郑州市经五路 66 号　　邮编:450002
网址:http://www.zynm.com　　电话:0371-65788655
发行单位:全国新华书店　　传真:0371-65751257
承印单位:河南安泰彩印有限公司

投稿邮箱:1093999369@qq.com
交流 QQ:1093999369
邮购热线:0371-65724566

开本:890mm×1240mm　A5
印张:4.5
字数:128 千字　　彩插:4
版次:2016 年 4 月第 1 版　　印次:2016 年 4 月第 1 次印刷

书号:ISBN 978-7-5542-1386-5　　定价:15.00 元
本书如有印装质量问题,由承印厂负责调换

编 委 会

顾　问　朱作言

主　任　张西瑞

副主任　王　飞　李治勋　武国兆　聂国兴
　　　　高春生

委　员　陈会克　李同国　张剑波　李学军
　　　　孔祥会　赵道全　潘开宇　徐文彦
　　　　冯建新　王宇锋　乔志刚　杨治国
　　　　李国喜　刘忠虎

本书作者

王宇锋　唐国盘　秦改晓

序　言

据文字记载，我国有2 500多年的鱼类养殖历史，可谓世界之最。今天，我国已是世界上水产品生产、贸易和消费的第一大国。多年来，我国渔业生产保持着持续快速发展的势态，在国民经济中的地位日益凸显，并已成为农业和农村经济发展的重要增长点。2013年全国渔民人均纯收入13 039元，远高于农民人均收入的8 896元；全国水产品总产量为6 172万吨，连续24年位居世界首位，为城乡居民膳食提供了1/3的优质动物蛋白源。近年来，渔业产业结构不断优化，实现了生产方式由捕捞为主向养殖为主的重大转变。

2013年以来，中央连续出台了多项惠渔政策，鼓励并引导水产养殖业从传统渔业向现代渔业转型。现代渔业已成为各种新技术、新材料、新工艺密集应用的行业。渔业的规模化、集约化、标准化和产业化发展，对科技的依赖程度也在不断提高。因此，我们需要不失时机地普及水产科学知识，提高从业者素质，帮助他们吸纳和运用现代生物技术、信息技术和材料技术的新成果，发展现代渔业和精深加工业，以降低资源消耗、环境污染和生产成本，不断提高渔业的资源产出率和劳动生产率，进一步引领和支撑优质、高效、生态、安全的现代渔业发展。

河南省淡水渔业发展很快，在传统渔业的基础上，现代渔业也开始起步。面对这一可喜的新形势，有关主管部门组织专家和技术人员适时编写《现代渔业提升工程·水产标准化健康养殖丛书》，除了进一步激发渔业科技人员总结在实践中的创新经验外，无疑将对渔业从业者培训、促进行业转型发展等起到推动作用。发展现代渔业的关键是新型渔民的培养与经营主体的培育，造就产业发展的主力军。通过对基层渔业科技人员和养殖户培训，掀起广大渔业劳动者学科技、用科技的热潮，切实提高他们的从业技能，促进渔业科技成果转化，培养有文化、懂技术、会经营、善管理的新型渔民，为现代渔业建设培育经营主体和可持续发展提供支撑能力。

丛书涵盖了淡水渔业各方面内容，包括高产池塘创建和低产池塘改造、健康养殖示范场创建、水产原良种体系建设、渔业科技推广、休闲渔业、水产品质量安全、水生生物资源养护以及苗种质量鉴别与培育技术、鱼类病害防治和渔药残留控制、养殖水体水质调控技术、饲料配制与投喂新技术、池塘生态养殖技术、池塘生态工程设施与模式构建、水产养殖病情监测预警等内容，适用于管理者和经营实践者学习参考，是新形势下渔业的科普兼专业性读物。同时，丛书特别强调保障水产品质量安全，改善水域生态环境，维护水域生态安全，提倡渔业相关的二、三产业等的协调发展，最终实现装备先进、高产优质、环境友好、渔民增收的现代渔业发展新格局。

多年来，我与河南水产科技人员共事和交流，对他们敢为人先的创造性和务实拼搏的敬业精神尤为钦佩。我期待着在全国现代渔业建设的大潮中，河南水产事业走出自己的特色之路，并大有作为！

中国科学院水生生物研究所研究员

中国科学院院士

2015年1月

前　言

斑点叉尾鮰也叫沟鲶，味道鲜美、营养丰富、肉质细嫩、刺少、食用方便，是我国淡水鱼佳品之一，同时也是美国重要的淡水养殖品种之一，居美国淡水鱼产量首位。斑点叉尾鮰自1984年引入我国养殖以来，已在我国大部分省份进行养殖，并取得较好的养殖效果。

近年来，由于养殖环境污染和药物滥用等，导致斑点叉尾鮰品质下降，本书从养殖户在养殖生产过程中经常遇到一些常见问题以及生产误区出发，分别阐述斑点叉尾鮰养殖过程中人工繁殖、苗种培育、成鱼养殖、病害防治、日常管理等关键技术，并以常见问题、原因分析和破解方案的方式向读者介绍关键技术操作要点。内容在精简传统叙述的基础上，力求把生产实践中使用的新技术、新方法、新模式等介绍给读者。

本书编写过程中参阅了国内外的相关文献和专著，并引用其中的资料，在此表示衷心感谢，并对在本书编写过程中提供参考意见的同行专家的热情支持和帮助表示衷心感谢。

鉴于资料和编者水平所限，书中不妥之处，恳请广大读者批评指正。

编者

2016年2月

目录

第一章　斑点叉尾鮰的养殖现状及产业前景

斑点叉尾鮰天然分布区域在美国中部流域、加拿大南部和大西洋沿岸部分地区，后广泛进入大西洋沿岸，全美国和墨西哥北部都有分布。产地是水质无污染、沙质或石砾底质、流速较快的大中河流，也能进入咸淡水水域生活。现为美国主要淡水养殖品种之一。斑点叉尾鮰是湖北省水产科学研究所于 1984 年与云斑鮰同时引进的一种鮰科鱼类，经过几十年的研究及推广养殖，证实该种鱼适合中国大部分地区养殖。

第一节 斑点叉尾鮰的养殖现状

一、养殖情况

经过30余年的养殖推广，斑点叉尾鮰养殖已发展到我国大部分省市。目前，我国斑点叉尾鮰的养殖已遍布北至黑龙江，南到广东、广西等20多个省市区，其中湖南、湖北、江西、安徽、江苏、四川和广东已有大面积的斑点叉尾鮰养殖，主产区在湖南、湖北、江西、安徽等中部省份，包括池塘养殖和网箱养殖，全国年产量超过15万吨。全国斑点叉尾鮰苗种大多来自湖北省，特别是湖北省嘉鱼县、仙桃市等地具有大规模的苗种生产能力，2014年湖北省生产斑点叉尾鮰苗种10亿余尾，占全国该鱼苗种总产量的70%左右。

二、主要养殖问题

1. 肉色发黄的问题

斑点叉尾鮰肉色发黄表现在肉的颜色整体或者部分发黄，一般不影响食用，但影响销售价格。肉色发黄的原因：①与饲料原料中的色素有关，因此使用不同厂家的饲料表现不同。②与疾病的发生有关，主要为细菌代谢产物沉积。养殖过程中疾病多发不但导致鱼体生长缓慢，同时鱼肉品质下降，味道发生改变，肉的颜色发黄。③与水体环境中的藻类有关，池塘中藻类品种及浓度一般都比大水面中要高，因此池塘斑点叉尾鮰肉色发黄的问题比在水库、湖泊中养殖严重。

另外，使用同一种饲料，在不同季节和不同养殖区域表现不同。一旦斑点叉尾鮰肉色发黄，要使其恢复白色速度会比较慢，因而影响销售。

2. 体表颜色问题

斑点叉尾鮰体表颜色异常主要表现在体表颜色发灰或者呈花斑状浅红色。正常情况下不影响鱼的生长，但由于体色异常，易影响疾病诊断和成鱼销售。体色变化的几种现象：①在池塘养殖比湖泊、水库严重。池塘养殖斑点叉尾鮰体色一般为淡灰色；水库养殖中，水体透明度越高，鱼体颜色越黑。②变化后的体色可以恢复，但是鱼种规格和养殖环境对体色的恢复速度有影响。规格小的鱼比规格大的鱼体色变化更明显，水质条件差不利于颜色的稳定。③池塘养殖的苗种与成鱼颜色不同。④池塘养殖的成鱼，暂养 8 ~ 10 小时后会变黑。⑤网箱养殖的成鱼死亡后迅速变色。⑥饲料中毒素超标或营养不平衡会造成体色变化。⑦表现体表颜色的基因缺陷导致体色浅红或白色。

3. 规格不整齐的问题

斑点叉尾鮰的养殖过程中容易表现出规格不整齐，特别是喂食膨化料时尤为明显。规格不整齐带来的危害主要为：①不利于饲料的投喂，如颗粒、药物饵料等。②不利于销售。③掉喂的鱼往往体质差，容易发病。鱼苗培育过程中出现较大规格差异时容易产生弱苗，弱苗易感染疾病而被淘汰。

4. 疾病多发的问题

目前斑点叉尾鮰疾病多发，发病时涉及的范围广，疾病的症状和病原体品种越来越多，发生越来越频繁，及时诊断和治疗越来越困难，造成的损失越来越大。

第二节　斑点叉尾鮰的市场价值与产业前景

一、斑点叉尾鮰的市场价值

经测定，斑点叉尾鮰的营养成分如下：含肉率为 75.71%；肌肉中粗蛋白质占 19.42%，脂肪占 1.01%，水分占 77.58%，灰分占

1.12%，碳水化合物占0.87%；肌肉中含有18种氨基酸，占肌肉总量的18.72%，其中人体必需氨基酸占肌肉中氨基酸的42.26%；矿物质中铁、锌含量较高，而对人体健康有害的物质如铅、砷等的含量很低。所以，斑点叉尾鮰是一种营养价值非常全面的淡水养殖品种之一，具有广泛的食用价值。

二、发展趋势

淡水养殖鱼类中适应范围广、营养丰富、无肌间刺、适合各种加工方式的鱼类品种只有斑点叉尾鮰、罗非鱼、长吻鮠等，但最具优势的是斑点叉尾鮰。因此，斑点叉尾鮰养殖、加工的产业化发展前景比较好。但是产业发展要进行良性循环，必须实现养殖技术标准规范化、病害预防药物安全化、食品安全规范化、加工品种多样化与精深加工附加值高等，必须要符合稳定发展的自然规律。

1. 斑点叉尾鮰鱼类品质与养殖技术的优势因素

斑点叉尾鮰是一种肉质品味与营养成分含量均处于中上等的水产品，营养成分高于我国鲤科鱼类，便于加工成各种水产食品。其养殖技术与我国鲤科鱼类饲养方式基本类似，池塘、网箱多种途径均能饲养，单位面积产量较高，饵料来源较广，生态环境适应能力强，在适宜饲养标准范围内抗病能力较强。

2. 建立我国斑点叉尾鮰优良种质品系的饲养品种

不是所有的地方都能进行斑点叉尾鮰优良品种的选育，优良品种筛选必须在较适宜的地理环境条件下进行，如美国的良种选育地在亚拉巴马州。水源理化因子的微量元素对品种选育较为重要。我国目前有些自然水域中已形成了品种优良的自然种群，可从自然水域中选择经济性状优良的品种进行筛选杂交育种，建立我国的优良品系的品种有利于产业化发展。出肉率高、抗病能力强、生长速度快、形态体色较好的品种适宜作饲养品种。

必须建立我国斑点叉尾鮰优良品种的品系，为养殖业提供经济性状优良的亲鱼，为饲养者提供健康安全的商品苗种饲养。目前在我国有些江河湖泊已形成了自然种群，其经济性状特别优良。经过同工酶与基因检测，同工酶出现两条亚带，抗原体测定要强于池塘人工饲养群体。

3. 养殖技术标准规范化可促进产业化健康安全发展

斑点叉尾鮰在我国养殖历史已有30多年,以我国传统养殖方式与现代养殖技术相结合,已在我国形成了一套无公害养殖技术规范。但是没有多少养殖者采用规范技术来饲养斑点叉尾鮰。因为规范化的养殖技术标准限定了放养密度与产量,对苗种选择与来源有规范要求,水质调控采用生物净化方式进行,病害防治主要以定期预防为主,如按标准规范饲养,养殖户的经济效益会一定程度上受到限制。但是要实现产业化发展必须按标准规范技术操作,从亲鱼繁育、苗种培育、商品鱼池塘与集约养殖到病害防治与用药量以及期限等均按标准严格操作,只有按技术规范进行饲养,才可以实现产业化健康安全发展。

4. 饲养水体生态环境改善是确保健康养殖与安全的关键措施

鱼类生存与生长需要与之相适应的生态环境,生态环境改变可导致鱼体发育不正常、生长速度慢、饵料系数增高、发病频率增多等。斑点叉尾鮰是一种对生态环境适应范围较广的饲养性鱼类,但必须要具备适应其正常生长发育的生态环境因子。斑点叉尾鮰是一种摄食性鱼类,在摄取蛋白质消化吸收过程中,有一部分蛋白质没有消化吸收排入水域中,导致饲养水域氮、磷增多形成富营养化。因此,必须要采取滤食鱼类混养调控水质,控制藻类过盛,目前主要是采取投放一定数量白鲢摄食藻类(浮游植物)净化水质的生物调控法。池塘养殖水面每亩套养白鲢135~150尾,花鲢15~20尾;集约养殖水域每亩投放白鲢25尾,花鲢3~5尾。

小　知　识

池塘养殖和集约化养殖未套养滤食鱼类的原因

第一,池塘套养滤食性鱼类经济价值偏低,占用了饲养水域空间,减少了斑点叉尾鮰商品鱼产量。

第二,捕捞时操作比较麻烦。

第三,套养的滤食鱼类在斑点叉尾鮰上市捕捞时,如白鲢规格小,市场价格低。

第四，池塘养殖必须采取进、排水沟进行水生植物净化水质水体循环利用的模式，增加了养殖成本。

第五，公共水域不投放水质净化的鱼类，氮、磷元素每天增加这样导致水质恶化污染环境的恶性循环。如形成规范化养殖的产业化，必须要采取生物调控方式进行健康安全养殖。

第六，如何巩固国际市场与逐渐开辟国内外市场是斑点叉尾鮰产业化持续发展的重要因素。

在我国斑点叉尾鮰活鲜市场最早开发的为广东市场，然后是重庆、四川、贵州等市场，每年活鲜鱼销售量从几千吨发展7.5万吨左右。

国际市场的变化多、技术堡垒因素多，加上我国没有真正的斑点叉尾鮰鱼片品牌、没有营养参数、没有质量标准等，目前出口鱼片仅按美国斑点叉尾鮰鱼片标准来进入国际市场。要巩固国际市场的地位，必须要制定我国斑点叉尾鮰的鱼片标准，创建自己的品牌。因为中国的鱼片质量与品味要好于美国本土加工的鱼片，但是没有成文的标准与品牌给国际市场留下空间从而限制我国的鱼片出口。国内市场是一个潜力最大的市场，中国处于经济发展期，人们的生活发生了变化，年轻人生活方式与20世纪80年代以后不同，饮食上要求营养丰富，动物蛋白质充足，方便快捷，味道可口，餐后处理简单，价格多样化等，以及因旅游人数大增而使高铁、航空业需要更多的营养餐盒等，以上需求必须是无异物（刺杂物）的食品。国内市场主要是瞄准营养工作餐、学生营养餐等市场，目前国内许多快餐经营公司是外国经营来占领国内市场。中国传统火锅餐的鱼片、鱼糜制品与鱼糜调配快餐品等都是用斑点叉尾鮰肌肉作为加工原料的。

第七，斑点叉尾鮰下脚料高附加值精深加工既提升加工企业经济效益，又有利于保护动物资源与防止环境污染。

斑点叉尾鮰制品加工后的下脚料占加工原料的58%，如不加工利用，既增加加工制品的成本，降低了市场竞争力，又造成资源浪费与污染生态环境。目前国内加工鱼片后，下脚料进行了许多粗制品加工对市场吸引不强，无市场竞争力等。下脚料为精深加工提高附加值，增加经济效益是一种发展方向，如可提取鱼皮、鳔中具生物活性的小分子胶原蛋白肽；提取鱼内脏中蛋白肽与精制鱼油，提取鱼骨架蛋白肽、鱼油、有机活性钙，提取鱼肝中肝油与肝蛋白肽，提取鱼胆中牛黄制品等。下脚料均能全部利用而且处于零排放的标准。

三、发展途径

针对我国斑点叉尾鮰产业的现状，我们应从以下这些方面着手：

1. 我国斑点叉尾鮰产业的市场定位应该调整到以拓展国内市场为主

我国斑点叉尾鮰养殖在全球的加工鱼类中没有自然条件、养殖规模、生产成本等方面的优势，斑点叉尾鮰加工产品也没有品质、品牌和价格等优势，国际市场的不可控性大，往往引起产业的急剧波动。市场竞争、贸易壁垒、食品安全等都是影响出口的重大因素，经常性会造成市场波动。而我国国内已有一定量斑点叉尾鮰的消费市场，并且市场潜力巨大。只是需要大力开发市场，扩大消费群体。

2. 拓展市场，突破斑点叉尾鮰产业发展的瓶颈

扩大国内鲜活斑点叉尾鮰的市场范围和市场需求量，稳定和促进产业发展。目前国内鲜活斑点叉尾鮰销售市场主要集中在西南地区，以重庆、成都、贵阳市场为主。扩大销售市场，包括西南主要市场向市、县市场的延伸以及扩大市场范围到陕西、河南等。

在维持出口的基础上，立足拓展斑点叉尾鮰加工品国内市场。着力培育国内斑点叉尾鮰加工产品消费市场应该成为斑点叉尾鮰产业发展的核心工作，需要加大产品开发与市场培育的人力和资金的投入，国内市场应该成为我国斑点叉尾鮰产业的主要市场。

3. 政府应当给予斑点叉尾鮰加工企业拓展国内市场的政策扶持

扩大国内市场可稳定产业发展，减少养殖渔民的风险。政府应

该鼓励加工企业拓展国内市场,对国内市场产品给予出口产品同等政策扶持,而不是由企业向政府争取扶持。开拓斑点叉尾鮰国内市场,既能满足市场需求,也能稳定产业发展而使养殖渔民受惠。

调整水产养殖的品种结构,保障加工企业原料供应。斑点叉尾鮰产业发展无疑将推动我国的淡水养殖品种结构调整,延伸产业链向加工业发展,促进产业转型升级和提高养殖产品的附加值。

第二章　斑点叉尾鮰的生物学特性

斑点叉尾鮰也称沟鲇、河鲇、美洲鲇，属于鲇形目叉尾鮰属。斑点叉尾鮰原产地为美洲，是一种大型淡水经济鱼类。自 1984 年引入我国养殖以来，已在全国各地养殖，并取得了较好的经济效益。斑点叉尾鮰肉质细嫩、营养丰富、刺少（无肌间刺）、食用方便、适应性强，深受国内外消费者、养殖者、垂钓者及加工企业的青睐。

第一节 斑点叉尾鮰的形态特征

一、外部形态

斑点叉尾鮰体形较长，身体的前部较宽，后部窄于前部，头较小，口亚端位，上、下颌分布有细密小齿，吻稍尖，有触须4对，长短各异。尾鳍分叉较深。体表光滑无鳞，具有黏液，背部呈淡灰色，腹部呈白色，各鳍的颜色均为深灰色，侧线明显，身体的两侧有斑点，呈不规则分布，成鱼斑点逐渐不明显或消失，见图2－1。

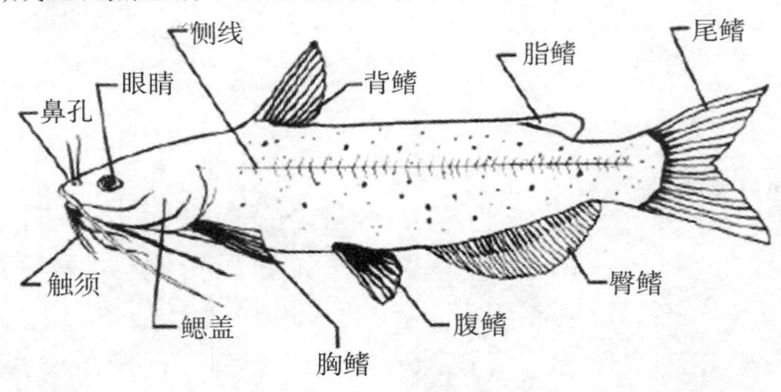

图2－1 斑点叉尾鮰外部形态

二、内部构造

斑点叉尾鮰的主要呼吸器官为鳃，辅助呼吸器官为鳃上器官。鳃由鳃丝、鳃弓、鳃耙构成。鳃弓5对，前4对着生有鳃丝，鳃耙排列稀疏，短而坚硬。斑点叉尾鮰脊椎骨47节。第1～2节愈合；第3～12节着生有肋骨；13～16节着生有短肋骨；第17～47节，肋骨封闭愈合成脉弓。无肌间刺分布。斑点叉尾鮰的上、下颌生有致密的细齿，有撕咬食物的功能。消化道长，为体长的2～3倍。消化道胃部膨大，有很强的伸缩性，饱食后可占到腹腔的1/4以上。消化腺以肝脏最发达,4 700克鱼肝胆总重可达到100 克。

性腺位于腹腔上部,脊柱下方,肠系膜的两侧,基部有血管与肠系膜相连。性腺成对分布。卵巢1 对,粗大,表面有小血管网分布。雄鱼性腺1 对,白色,呈树枝状,性成熟后精液不易挤出。斑点叉尾鮰腹膜黑色。鱼鳔发达,两室,壁厚呈乳白色。

第二节　斑点叉尾鮰的生活习性和摄食习性

一、生活习性

斑点叉尾鮰对环境的适应性很强,适应水温为0 ~38℃,我国大部分地区都能够自然越冬。生长适宜水温为15 ~34℃,最适宜生长水温为24 ~30℃。斑点叉尾鮰属于底层鱼类,多生活在水的底层。斑点叉尾鮰适应的溶氧范围较大,最适宜溶氧为4 ~5 毫克/升,在溶氧量为2. 5 毫克/升以上可以正常生活,在溶氧低于0. 8 毫克/升时会浮头。适应的pH 为6. 5 ~8. 5,最适宜pH 为6. 5 ~7. 5。斑点叉尾鮰性情温驯,喜欢集群摄食,容易捕捞,故斑点叉尾鮰在我国大部分地区都适合养殖。

二、摄食习性

斑点叉尾鮰属肉食性鱼类。在自然条件下,斑点叉尾鮰摄食底栖生物、水生昆虫、浮游动物、有机碎屑、大型枝角和桡足类等。但经过多年人工驯化养殖,已经转变为杂食性鱼类。在人工饲养条件下,可以投喂植物配合颗粒饲料,能够正常生长、发育,养殖效果好。斑点叉尾鮰体长在10 厘米以前是以吞食、滤食为主,食物组成以浮游动物,枝角类、桡足类,摇蚊幼虫为主;体长10 厘米以后,是以吞食为主,兼滤食。在人工饲养条件下主要摄食颗粒饲料,配合饲料粗蛋白质含量3 ~4 周为40% ~45% ,4 ~6 周为40% ,6 周后应保持在36%

左右，商品鱼养殖饲料粗蛋白质含量为32%左右。斑点叉尾鮰日夜皆摄食，且以集群摄食，主要是底层摄食为主，但幼鱼偶尔会游到水面摄食。

第三节　斑点叉尾鮰的年龄与生长

一、年龄

斑点叉尾鮰属大型鱼类，最大个体可达20千克以上。性成熟年龄为3~4龄，通常繁殖用亲鱼选择4龄以上、体重1.5千克以上的。

二、生长

斑点叉尾鮰生长较快，在人工养殖条件下，当年苗体长可达到14~20厘米、体重30~100克的鱼种，第二年规格可达到40~55厘米、体重800~1 500克。

第四节　斑点叉尾鮰的繁殖特性

斑点叉尾鮰雌、雄比例约为1∶1，一般3~4龄达到性成熟，3龄鱼达到性成熟的占30%~40%。长江流域，斑点叉尾鮰的产卵季节为每年的5月下旬至7月中旬，产卵水温20~30℃，最适水温为25~27℃，可在池塘自然繁殖。雌鱼怀卵量初次成熟每千克体重4 000~7 000粒，第二次性成熟在7 000粒以上。在人工养殖时，一般需要放置产卵装置，如人工产卵巢。雌鱼属于一年一次性产卵类型，而雄鱼可以多次排精，在条件良好时，一尾雄鱼可与2~8尾雌鱼交配。受精卵为胶状扁平形卵块，沉性、具黏性，呈黄色。卵径3.5～4.5毫米。雌鱼产卵后即离开卵巢，由雄鱼看护卵块，并摆动尾鳍以搅动水体，借以增加卵块周围的溶氧，清除附着在卵块上的污物，使受精卵正常孵化，直至鱼苗能自主摄食为止。其自然孵化率高达90%以上。在水温25.5～29℃时，受精卵孵化出膜需要4.5～5天。出膜时平均体长约8毫米，出膜4天后开始摄食，此时平均体长16毫米左右。出膜10天左右，仔鱼器官分化完成。

第五节　斑点叉尾鮰的性腺分化与胚胎发育

一、斑点叉尾鮰的性腺发育过程与分期

斑点叉尾鮰的性腺，特别是精巢，与鲤鱼科鱼类有较大的不同，精巢形状不规则，呈树枝状，输精管左右合并成一条，精液似水状，不容易挤出，故人工繁殖时，只有“杀鱼取精”。卵巢和精巢的形状见图2－2，各个分化时期及特征见表2－1。

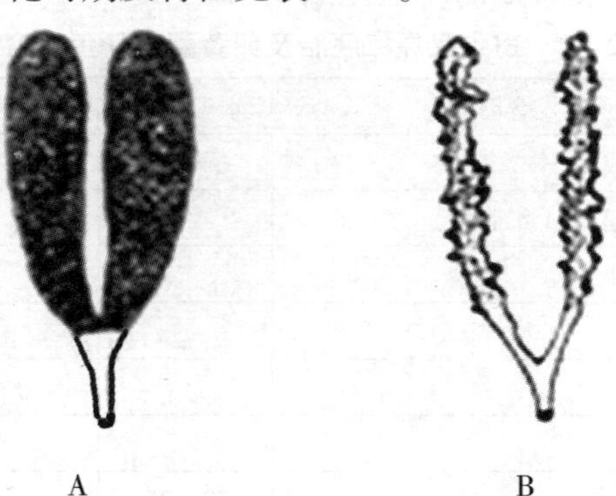

图2－2　斑点叉尾鮰卵巢（A）和精巢（B）

表 2－1　斑点叉尾鮰性腺发育的各期特征

性腺发育期	精巢	卵巢
Ⅰ. 生殖期	银白色，薄膜状，尚无血管，肉眼不能辨别雌雄	与精巢相似
Ⅱ. 生长期	长条状，淡红色，长 1.2 厘米左右，尚无丰富的血管	扁囊状，半透明，有少量血管分布，卵淡黄色，呈松软状
Ⅲ. 成熟期	乳白色，长 7.5 厘米左右，花边状，轻压腹部有白色精液流出	橘黄色，卵颗粒较大，2～3 厘米，轻压腹部有卵流出
Ⅳ. 排空期	排精后体积缩小，淡红色，尚有较明显的微细血管	腹部充满度减小，卵子所占体积减小

二、受精卵的胚胎发育

刚受精的卵呈圆球形、淡黄色、透明，卵质均匀分布，30～50 分后受精卵吸水膨胀，互相黏合成不规则的块状。卵径吸水膨胀后为 3.2～3.5 毫米，受精膜隆起后为 4.2～4.5 毫米，卵黄囊径 3.0～3.2 毫米。肉眼观察，群体受精卵呈淡黄色，单个受精卵卵膜透明，胚胎乳白色。卵膜上有 1 个受精孔，8～10 条细纹在受精孔四周呈辐射状排列。斑点叉尾鮰胚胎及卵黄囊期仔鱼各主要阶段发育时间见表 2－2，各主要发展时期的特征见图 2－3。

表 2－2　斑点叉尾鮰胚胎及卵黄囊期仔鱼发育时间

序号	发育时期	水温（℃）	受精后时间（小时）
1	胚盘形成期		1.5
2	胚盘隆起期（1 细胞期）		2
3	2 细胞期		2.5
4	细胞期		3
5	细胞期		3.5
6	细胞期		4
7	细胞期	23～25	4.5
8	桑葚胚期		5.5
9	囊胚晚期		11

续表

序号	发育时期	水温(℃)	受精后时间(小时)
10	原肠中期		15
11	神经胚期(胚孔封闭期)		19
12	眼囊期		24
13	晶体出现期		35
14	心跳期		47
15	血液循环期	24～25	95
16	出膜前期		115
17	出膜期		212
18	体色素出现期	24～26	226
19	鳔管形成期		235
20	卵黄囊耗尽期	26～27	330

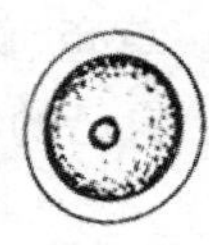

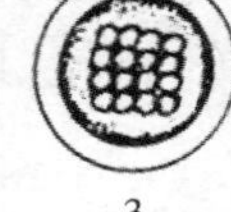
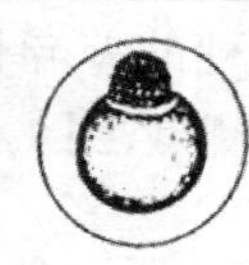

1　2　3　4

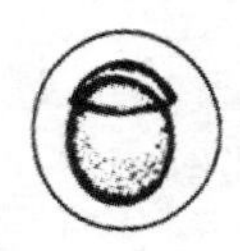

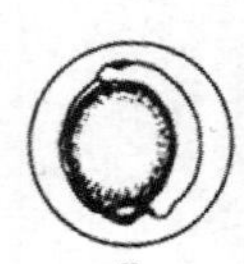
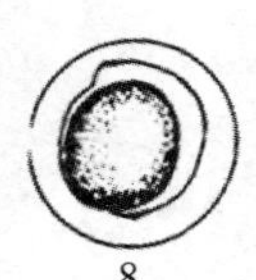

5　6　7　8

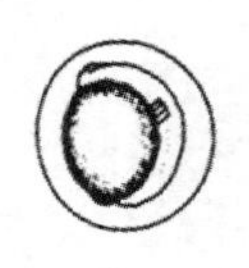
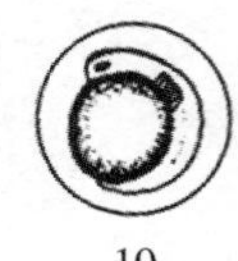
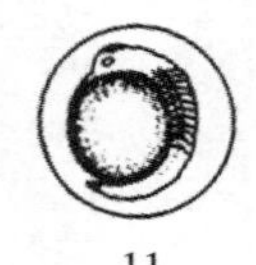
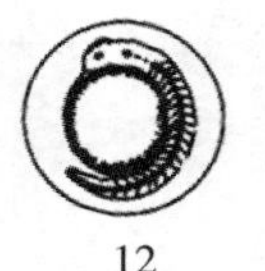

9　10　11　12

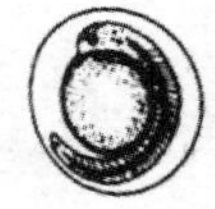

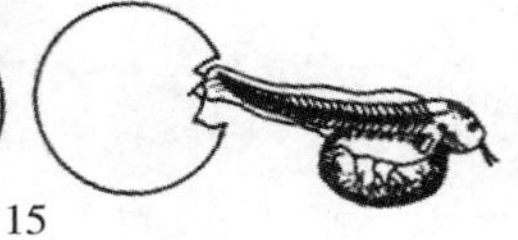

13　14　15

A

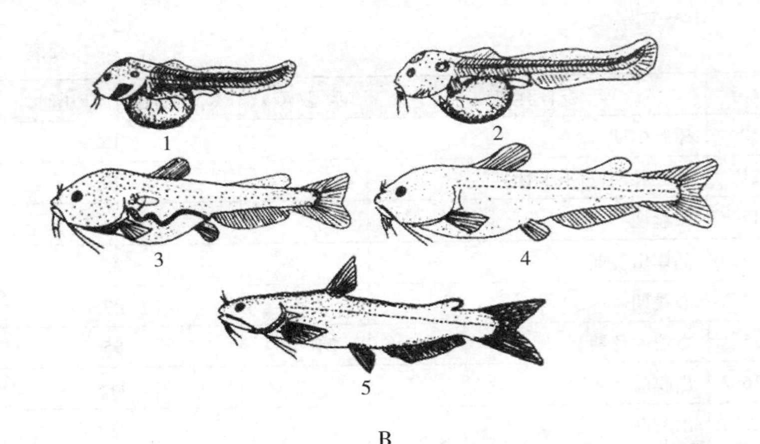

B

图 2－3　斑点叉尾鮰胚胎发育(A)和胚后发育(B)

斑点叉尾鮰胚胎发育总体上符合淡水硬骨鱼类胚胎发育的一般规律,如以细胞分裂为基础,以下包、内卷方式进行原肠化运动等。但由于品种的差异性,与常见淡水养殖鱼类(青鱼、草鱼、鲢鱼、鳙鱼、鲤鱼、鲫鱼、团头鲂等)比较,其胚胎发育又表现出自己的特点。

第三章　斑点叉尾鮰的营养需求与饲料

斑点叉尾鮰是欧美市场的 3 大淡水水产品之一，我国于 1984 年引进，1987 年繁殖成功，目前已在全国 20 多个省、市推广养殖。随着国内斑点叉尾鮰养殖规模的不断扩大，对斑点叉尾鮰饲料的需求也越来越大。为使斑点叉尾鮰饲料得以充分利用，同时又能充分发挥斑点叉尾鮰的生长潜力，要对斑点叉尾鮰对各种营养素的需求量有所了解，从而为配制促进斑点叉尾鮰健康生长、发育和繁殖的配合饲料提供依据，提高斑点叉尾鮰的养殖产量和经济效益。

第一节 概述

斑点叉尾鮰常年生活在水中,属于低等变温动物,由于其生活环境的特殊性,所以在营养需求和利用上与陆生高等恒温动物有所差别。总结如下:

一、对人工饲料的需求量相对较少

鱼类生活于天然或人工水域中,不论哪种食性的鱼类,均可直接或间接地摄取天然饵料,通过鳃或皮肤直接吸收水中的无机盐。因此,鱼类比陆生动物使用人工饲料(包括无机盐、维生素与其他活性物质)相对要节省,尤其在池塘低密度饲养或大水面养殖中更为明显。

二、对饲料的消化率低

鱼类消化器官分化简单且短小,消化道长与体长之比要比陆生动物小得多。消化腺不发达,大部分消化酶活性不高,肠道中起消化作用的细菌种类少,数量也不多,食物在消化道中停留时间短,为畜禽的1/5~1/3。因此,消化能力不如陆生动物。

三、对饲料中矿物质的需求量少

鱼类、甲壳类与陆生动物相比,在矿物质营养方面最大的区别是:鱼类、甲壳类能通过鳃、皮肤渗透或通过大量吞咽从水中获得一部分矿物质,而陆生动物仅能从食物和少量的饮水中获得,两者比较可知,前者自身获得矿物质较多,因此对饲料中矿物质的需求量较少。

四、对饲料中维生素的需求量大

鱼类、甲壳类与陆生动物相比，在维生素营养方面最主要的区别是：①鱼类的肠道短，细菌种类和数量极少，它们合成的维生素种类和数量均少，而陆生动物的情况正好相反。②陆生动物可以通过摄取粪便而从中获得部分维生素，而鱼类的这种机会很少。③鱼类合成某些维生素的能力差，如将β－胡萝卜素转化成维生素A的能力差，将色氨酸转化为盐酸的能力也差。④鱼类在水中可摄取新鲜的天然食物，而其中往往含有维生素B_1酶，该物质对维生素B_1有很大的破坏作用。⑤鱼类饲料中的维生素在水中易溶解失去，因而鱼类对饲料中维生素的需求量大。

五、对能量的利用率高

鱼类体温随水环境温度变化而变化，略高于水温0.5℃，远比恒温动物低，因而用于维持体温和基础代谢消耗的能量少；鱼类的氮代谢废物主要是氨，畜禽的氮代谢废物主要是尿素和尿酸；鱼的氮代谢废物主要从鳃排出体外，而陆生动物则主要从肾脏，以尿的形式排出，鱼类排除氮代谢物耗能少；水的浮力大，鱼类在水中保持体位所消耗的能量远比陆生动物低。鱼的体型为流线型，在水中运动克服水阻力小，因此，鱼类生长所需能量为陆生动物的50%～67%。

六、对蛋白质需求量高，必需氨基酸种类多

鱼类对饲料中蛋白质需求量比畜禽高2～3倍，一般畜禽饲料中蛋白质含量为12%～22%，而鱼类饲料中蛋白质为22%～55%。同时，鱼类饲料中蛋白质适宜含量与其食性、水温和溶氧等因素密切相关。

鱼类的必需氨基酸有10种，对精氨酸、赖氨酸和蛋氨酸的需求量较高，对色氨酸要求较低。

七、对脂肪的消化率高

鱼类对脂肪有较高的消化率，尤其是对低熔点脂肪，其消化率一

般高于90%。因为鱼类对碳水化合物利用率较低，所以脂肪成了其重要而经济的能量来源。

对哺乳动物起主要作用的脂肪酸是ω－6脂肪酸，对鱼类则主要是ω－3脂肪酸和ω－6脂肪酸。对甲壳动物来说，除需要ω－3脂肪酸外，还需要磷脂和胆固醇。

八、对碳水化合物消化率低

一般来说，淀粉等无氮浸出物是畜禽类的主要营养素，含量在50%以上，是主要的能量来源。而鱼类对其利用能力较低，故其饲料中的适宜含量应不超过50%。

畜禽类可以消化一定量的纤维素，而鱼类几乎不能消化纤维素。

九、水中摄食情况不易观察

鱼类多在水中摄食，对其摄食情况，养殖者不易观察，因而对其投喂量不易掌握。另外，饲料中的营养物在水中有溶失现象，因而要求饲料在水中具有很好的稳定性，特别是在水中摄食慢的鱼类饲料，这就给研究饲料利用率和加工技术带来了更高的要求。

十、对营养素的需求受环境因素影响大

鱼类生活在水中，又是变温动物，因而营养需求受环境因素的影响比陆生动物大很多。

虽然鱼类与陆生动物相比，无论在营养方面，还是在摄食方式、摄食习性和生活环境方面均存在很大差别，但是鱼类对营养物质的需求，在质的方面与其他动物大致相同，主要是蛋白质、脂肪、碳水化合物、维生素和矿物质5大营养物质。

鱼类与其他动物一样，摄取的营养要先满足生命活动和运动的能量需要，然后才能生长，因此饲料中必须给鱼类提供足够的能量。

第二节　蛋白质

"蛋白质"一词源于希腊，其意思是"最初的""第一重要的"。蛋白质是体现生命现象的物质基础，不但是一切细胞和组织的重要组成部分，还是新陈代谢、正常生长发育的结构物质和主要的能源物质之一，同时作为酶、激素、抗体等的组分参与机体的生理调节功能。斑点叉尾鮰对蛋白质的需要主要由蛋白质的品质决定，同时也受到其他因素的影响，如鱼体大小、水温、池塘中天然食物的多少、养殖密度、日投饲量、饲料中非蛋白质能量的数量等因素的影响。当养殖密度较低时，测得其蛋白质需要量为25%～32%，而当密度较高时，则从32%增加到45%，生长速度和饲料转化效率均提高。在实验室环境中测得饲料中适宜的蛋白质含量为25%～36%。目前，多数商品斑点叉尾鮰饲料配方中含精蛋白质为30%～35%，这些都符合斑点叉尾鮰对蛋白质的需求量。因此，蛋白质是斑点叉尾鮰需要的营养素中最核心的要素，它直接关系到斑点叉尾鮰的生命活动。

一、蛋白质的组成和分类

1. 蛋白质的组成

所有蛋白质均含有碳、氢、氧和氮，有些蛋白质（酶和激素）还含有磷、硫、铁、铜、碘、锌、硒和钼等。蛋白质主要元素的一般含量为：碳51.0%～55.0%，氢6.5%～7.3%，氧21.5%～23.5%，氮15.5%～18.0%，硫0.5%～2.0%，磷0～1.5%。

2. 蛋白质的分类

蛋白质分类方式很多，往往不同分类还有交叉，按照化学组成，蛋白质通常可以分为简单蛋白质、结合蛋白质和衍生蛋白质。简单蛋白质经水解得氨基酸和氨基酸衍生物；结合蛋白质经水解得氨基酸、非蛋白的辅基和其他（结合蛋白质的非氨基酸部分称为辅基）；

蛋白质经变性作用和改性修饰得到衍生蛋白质。

简单蛋白质按溶解度不同可分为：

(1)清蛋白　溶于水及稀盐、稀酸或稀碱溶液，能被饱和硫酸铵所沉淀，加热可凝固。广泛存在于生物体内，如血清蛋白、乳清蛋白、蛋清蛋白等。

(2)球蛋白　不溶于水而溶于稀盐、稀酸和稀碱溶液，能被半饱和硫酸铵所沉淀。普遍存在于生物体内，如血清球蛋白、肌球蛋白和植物种子球蛋白等。

(3)谷蛋白　不溶于水、乙醇及中性盐溶液，但易溶于稀酸或稀碱。如米谷蛋白和麦谷蛋白等。

(4)醇溶谷蛋白　不溶于水及无水乙醇，但溶于70%～80%乙醇、稀酸和稀碱。分子中脯氨酸和酰胺较多，非极性侧链远较极性侧链多。这类蛋白质主要存在于谷物种子中，如玉米醇溶蛋白、麦醇溶蛋白等。

(5)组蛋白　溶于水及稀酸，但为稀氨水所沉淀。分子中组氨酸、赖氨酸较多，分子呈碱性，如小牛胸腺组蛋白等。

(6)精蛋白　溶于水及稀酸，不溶于氨水。分子中碱性氨基酸(精氨酸和赖氨酸)特别多，因此呈碱性，如鲑精蛋白等。

(7)硬蛋白　不溶于水、盐、稀酸或稀碱。这类蛋白质是动物体内作为结缔组织及保护功能的蛋白质，如角蛋白、胶原蛋白、网硬蛋白和弹性蛋白等。

根据辅基的不同，结合蛋白质可分为：

(1)核蛋白　辅基是核酸，如脱氧核糖核蛋白、核糖体、烟草花叶病毒等。

(2)脂蛋白　与脂质结合的蛋白质。脂质成分有磷脂、固醇和中性脂等，如血液中的 β_1 -脂蛋白、卵黄球蛋白等。

(3)糖蛋白和黏蛋白　辅基成分为半乳糖、甘露糖、己糖胺、己糖醛酸、唾液酸、硫酸或磷酸等中的一种或多种。糖蛋白可溶于碱性溶液中，如卵清蛋白、γ -球蛋白、血清类黏蛋白等。

(4)磷蛋白　磷酸基通过酯键与蛋白质中的丝氨酸或苏氨酸残基侧链的羟基相连，如酪蛋白、胃蛋白酶等。

(5)血红素蛋白　辅基为血红素。含铁的如血红蛋白、细胞色素C,含镁的有叶绿蛋白,含铜的有血蓝蛋白等。

(6)黄素蛋白　辅基为黄素腺嘌呤二核苷酸,如琥珀酸脱氢酶、D-氨基酸氧化酶等。

(7)金属蛋白　与金属直接结合的蛋白质,如铁蛋白含铁,乙醇脱氢酶含锌,黄嘌呤氧化酶含钼和铁等。

衍生蛋白质可分为:

(1)一级衍生蛋白质　不溶于所有溶剂,如变性蛋白质。

(2)二级衍生蛋白质　溶于水,受热不凝固,如胨、肽。

(3)三级衍生蛋白质　功能改进,如磷酸化蛋白、乙酰化蛋白、琥珀酰胺蛋白。

二、蛋白质的营养价值

蛋白质的营养价值又称为蛋白质的质量,它主要由蛋白质品质所决定。为了提高水产动物对饲料蛋白质的有效利用率,节约饲料蛋白质资源,提高饲料转化效率,我们应该了解蛋白质品质的相关概念。

1. 蛋白质品质的概念

饲料蛋白质转化成动物体蛋白质的效率称作蛋白质品质。它主要取决于氨基酸的种类、数量和配比,特别是必需氨基酸的种类、数量及有效性。由此可知,必需氨基酸的有无和多少是决定蛋白质营养价值高低的主要因素。必需氨基酸的种类齐全、数量足够的蛋白质,其品质好,营养价值高;相反,品质差,营养价值低。品质优良的饲料蛋白质,其利用率就高,反之就低。

2. 提高蛋白质营养价值的方法

平衡饲料蛋白质的氨基酸,提高蛋白质的营养价值,是改善动物蛋白质营养的有效措施。

(1)利用蛋白质的互补作用　所谓蛋白质的互补作用(也称作氨基酸的互补作用),是指2种或2种以上的蛋白质通过相互结合,以弥补各自在氨基酸组成和含量上的营养缺陷,使其必需氨基酸互补长短,提高蛋白质的营养价值。实践证明,饲料多样化地合理搭配，确实能起到氨基酸的互补作用，大大提高了蛋白质利用率和饲养效果。又如植物性蛋白质的蛋氨酸含量少些，而动物性蛋白质的蛋氨酸含量则较多，根据蛋白质的互补作用，在水生动物饲料中使用植物性蛋白质时，搭配一定数量的动物性蛋白质，以提高混合后蛋白质的营养价值及植物性蛋白质的利用率，一方面可以扩大饲料蛋白源，另一方面可以降低饲料成本。这也是配合饲料配制的基本原理。

（2）添加相应的必需氨基酸　由于饲料蛋白质缺乏某种必需氨基酸，动物体自身又无法弥补而直接影响饲料蛋白质的营养价值，根据现实情况，在饲料中添加相应的必需氨基酸添加剂，使饲料中氨基酸组成达到平衡，以提高蛋白质营养价值。

（3）供给充足的非氮能量物质　饲料中蛋白质、脂肪和碳水化合物三大营养物质之间是彼此牵连、彼此制约的。碳水化合物和脂肪等非蛋白质能量物质过多或不足，都会影响蛋白质的营养价值及其有效利用。正常情况下，水产动物消化吸收的蛋白质，一部分用于合成体内蛋白质，一部分在体内分解供能。但饲料中能量不足时，将增大体内蛋白质的分解，降低蛋白质的营养价值。因此，在养殖生产中，提高蛋白质品质的同时，饲料中应增加脂肪和碳水化合物的含量，以维持足够的能量供给，避免将大量蛋白质作为能量使用，以提高蛋白质的营养价值和有效利用率。

（4）加热处理　蛋白质的加热处理主要适用于某些豆类籽实及其饼粕。在一些豆类籽实中含有蛋白酶抑制剂，它可抑制动物体内蛋白酶的活性，减弱对蛋白质的降解作用，从而降低蛋白质的利用率。由于豆类籽实中含有的蛋白酶抑制剂耐热性差，故通过加热处理可使其破坏而丧失活性。

（5）抗氧化处理　饲料中的蛋白质可与碳水化合物、脂肪起反应，而使氨基酸的可利用性降低，从而降低蛋白质的营养价值。因此，用抗氧化剂处理饲料，不仅有助于维生素和脂肪的保存，而且有助于氨基酸的保存。

三、蛋白质的生理功能

蛋白质是生命最重要的物质基础，它在体内具有碳水化合物和脂肪无法替代的特殊生理作用。

1. 构成和修补身体组织

蛋白质是生命的存在形式，人体内一切组织和细胞均由蛋白质组成，占人体总重量的16% ~18%，仅次于水(60%)。蛋白质大部分存在于人体肌肉组织和内脏中，其余存在于皮肤、血液、头发、指甲中。组织的生长、更新和修复均需要蛋白质，因此处于生长发育期的儿童、青少年以及孕妇和乳母对蛋白质的需要量较大，恢复期或手术后病人因组织修复也需要较多的蛋白质。此外，每天代谢消耗的蛋白质(如头发和指甲脱落等)必须进行蛋白质补充来合成所消耗的同类蛋白质。

2. 调节功能及其他特殊功用

人体内许多具有重要生理功能的物质(如酶、激素、血红蛋白、抗体、肌球蛋白、胶原蛋白、血浆蛋白、核蛋白等)均由蛋白质构成，它们在体内都具有特殊的生理作用。

(1)催化作用　生命的特征之一就是不断地进行新陈代谢，而新陈代谢的本质是各种各样的化学反应过程，即物质的合成与分解过程。这些化学反应绝大多数借助于酶的催化作用来完成，而酶本身就是由活细胞分泌的具有催化作用的蛋白质。

(2)调节生理机能　激素是内分泌细胞分泌的一类化学物质，随血液循环到达作用的组织器官，发挥其调节物质代谢和能量代谢的作用。属于蛋白类的激素包括胰岛素、生长激素、甲状腺素等。

(3)免疫作用　免疫作用是指机体对外界有害因素(主要为细菌和病毒)具有的抵抗力，它是由细胞免疫、体液免疫以及巨噬细胞的吞噬作用共同完成的。体液免疫就是借助于血液中一种被称为抗体的物质，抗体本身就是蛋白质，通过它与异物(主要为细菌和病毒)结合，阻止异物对机体的损害，从而保护机体免受细菌和病毒的侵害。近年来，在临床获得广泛应用的干扰素，实际上是一种糖和蛋白质的复合物。机体抵抗力的大小在很大程度上取决于体内抗体的多少。

(4)运输氧　生物从不需氧转变为需氧以获得能量是生物进化过程的一大飞跃。生物体从环境中摄取氧,在细胞内氧化成三大能源物质,即糖、脂肪和蛋白质,并产生二氧化碳、水和能量。机体生物氧化过程中所需的氧气和生成的二氧化碳是由血液中血红蛋白进行输送的。

(5)肌肉收缩　肌肉的主要成分为肌动蛋白和肌球蛋白。机体的一切机械运动以及各种脏器的重要生理功能,如肢体运动、心脏跳动、肺的呼吸、血管的收缩和舒张、胃肠的蠕动以及泌尿和生殖活动都是通过肌肉的收缩和松弛来实现的,这种肌肉的收缩活动是由肌动蛋白完成的。

(6)支架作用　胶原蛋白和弹性蛋白是构成结缔组织的主要成分,如骨骼和皮肤主要由胶原蛋白构成,肌腱、韧带和血管主要由弹性蛋白构成。这些结缔组织构成了各器官包膜及组织间隔,散布于细胞之间,从而维持各器官一定的形态,并将机体的各部分连接成一个完整体,这就是胶原蛋白和弹性蛋白的支架作用。

(7)调节渗透压平衡　正常的人体血浆与组织液之间的水分不停地进行交换,且保持相对平衡状态,这主要依赖于血浆中电解质总量和胶体蛋白质的浓度。当组织液与血浆的电解质浓度相等时,两者间的水分分布就取决于血浆中的蛋白浓度。若膳食中长期缺乏蛋白质,血浆蛋白的含量便降低,血液中的水分便过多地渗入周围组织,造成营养不良性水肿。

(8)调节血液酸碱平衡　正常人血液的 pH 为 7.35～7.45,pH 的任何变化都会导致机体出现酸碱平衡紊乱。血液酸碱平衡的维持靠血液中存在的无机和有机缓冲体系。无机缓冲体系主要为碳酸盐,而有机缓冲体系的主要组成成分则是蛋白质。因为蛋白质是两性物质,带有碱性的氨基($—NH_2$)和酸性的羧基(—COOH),因而具有一定的酸碱缓冲作用,它与无机缓冲物质共同完成维持血液 pH 相对恒定的作用。

(9)遗传信息的控制　遗传是生物的基本特征,而遗传物质主要是含有脱氧核糖核酸(DNA)的核蛋白质。遗传信息的表达受蛋白质和其他因素的制约。

(10)维护神经系统的正常功能　蛋白质约占人脑干重的50%，脑在代谢过程中需要大量的蛋白质来进行自我更新,而某些氨基酸在神经传导中起着介质作用。神经系统的功能与摄入蛋白质的质和量有密切的关系,蛋白质质与量的改变可明显影响大脑皮层的兴奋与抑制过程。

3. 供能

除结构功能和调节功能外,蛋白质也是一种能源物质,每克蛋白质在体内完全氧化后可产生16.8千焦能量,但这只是蛋白质的次要作用。在这一点上,它与糖类和脂肪是不相同的。换句话说,蛋白质的供能作用可以由糖或脂肪代替,即当糖类或脂肪供给充足时,蛋白质就不作为能源物质,而是直接发挥其特殊的生理作用。

通常机体不直接利用蛋白质供能,而是利用体内衰老及破损组织细胞中的蛋白质、食物中一些不符合机体需要或摄入过多的蛋白质氧化分解所释放的能量,以这种方式供能最为经济。

第三节　氨基酸

1. 必需氨基酸的需要

鱼类对蛋白质的需要,不仅仅是蛋白质含量的多寡,更重要的是蛋白质中必需氨基酸和非必需氨基酸的组成是否平衡,当鱼类摄食饲料后,所有的蛋白质都被消化成游离氨基酸,然后通过血液运送到各个组织中,重新构成鱼体组织。鱼体组织中蛋白质主要由20种α-氨基酸通过肽链链接而成,其中,有的可以在鱼体内自行合成,被称为非必需氨基酸,如胱氨酸、酪氨酸等;有10种氨基酸不能在鱼体内合成,必须从外界摄入,这些被称为必需氨基酸,如精氨酸、组氨酸、亮氨酸、异亮氨酸、赖氨酸、蛋氨酸、苯丙氨酸、苏氨酸、色氨酸和缬氨酸等，必需氨基酸在饲料中需要有适当的含量，才能保证鱼类营养均衡。斑点叉尾鮰对必需氨基酸需要的种类和其他鱼类一样，但是不同的鱼所需要的量是不同的，即使同一种鱼，对某种氨基酸的需求也可因鱼的生长、氨基酸的来源和摄食方式等不同有差异。通常鱼缺少必需氨基酸，外表上并没有什么明显的特征性症状，但会表现生长缓慢、饲料系数高，有时还会降低食欲。

要明确渔用配合饲料中氨基酸的需求量，首先需要知道饲料组分中各种氨基酸的有效利用率。在斑点叉尾鮰成鱼饲养中，测定了玉米、麦麸、糠麸、面粉、花生饼、棉籽饼、肉粉、骨粉和鱼粉等各自的氨基酸的真实利用率。只有了解斑点叉尾鮰对必需氨基酸的需要量及在不同饲料原料中氨基酸的有效利用情况，才能知道氨基酸的比例或模式是否合理（表3－1和表3－2）。

表3－1　斑点叉尾鮰对必需氨基酸的需要量（占蛋白质的百分数）

氨基酸名称	需要量（%）
精氨酸	4.3
组氨酸	1.5
异亮氨酸	2.6
亮氨酸	3.5
赖氨酸	5.1
蛋氨酸＋胱氨酸	2.3
苯丙氨酸＋酪氨酸	5.0
苏氨酸	2.0
色氨酸	0.5
缬氨酸	3.0

表3－2　斑点叉尾鮰对氨基酸需求量以及主要饲料原料中氨基酸的可利用率

氨基酸名称	需求量占饲料比重(%)	饲料原料中氨基酸的可利用率(%)				
		鱼粉	豆粕	棉籽粕	米糠	玉米
精氨酸	1.38	3.41	2.93	3.81	0.68	0.35
组氨酸	0.48	1.23	0.94	0.91	0.19	0.23
异亮氨酸	0.83	2.51	1.62	1.09	0.40	0.24
亮氨酸	1.12	3.99	2.73	1.78	0.63	1.06
赖氨酸	1.63	4.08	2.52	1.20	0.46	0.24
蛋氨酸＋胱氨酸	0.74	1.90	1.05	1.05	0.28	0.19
苯丙氨酸＋酪氨酸	1.60	3.90	2.89	2.63	1.04	0.68
苏氨酸	0.64	2.19	1.36	1.06	0.38	0.24
色氨酸	0.16	0.52	0.51	0.45	0.08	0.06
缬氨酸	0.96	2.80	1.59	1.43	0.62	0.33

2. 影响必需氨基酸需要的因素

(1)鱼的种类　这可能是由于不同种类的鱼对氨基酸的利用、代谢存在差异。一般而言，海水肉食性鱼类比淡水杂食和植食性鱼类的蛋白需求量较高，对一些必需氨基酸的需求量也相对要高。有研究指出，动物体内存在氨基酸库，可暂时储存多余的氨基酸，而水产动物尤其是无胃鱼体内游离氨基酸库存储能力有限，突然增加的某一种氨基酸使其不堪重负，机体启动氨基酸分解体系，“过量”的氨基酸被大量分解，造成饲料中添加晶体氨基酸不能为无胃鱼类同步吸收利用，因而会对试验结果造成一定的影响和偏差。一般而言，冷水性鱼类比温水性鱼类能够更有效利用晶体氨基酸，这可能是由于冷水性鱼类对饲料氨基酸的吸收速度显著低于温水性鱼类造成的，如冷水性杂交条纹鲈比温水性美国红鱼更能有效利用晶体氨基酸，虹鳟比鲤鱼更能有效利用晶体氨基酸。

(2)必需氨基酸的含量和比例　日粮中各种必需氨基酸的含量和比例应保持平衡。任何一种必需氨基酸如在日粮中的含量和比例不当，都会影响到其他必需氨基酸的有效利用。比如日粮中缺少赖氨酸时，尽管其他必需氨基酸含量充足，但体内蛋白质也不能够正常合成。此时，这部分氨基酸只能用作合成非必需氨基酸的原料，或经分解后作其他用途，或排出体外。

(3)非必需氨基酸的比例　日粮中若非必需氨基酸的含量和比例不能满足动物体内蛋白质合成的需要，则会加重动物体对某些必需氨基酸的需要量。比如，日粮中胱氨酸不足会加重蛋氨酸的需要，酪氨酸不足会加重苯丙氨酸的需要。

(4)蛋白质水平　日粮含有的必需氨基酸的数量，在很大程度上取决于其中蛋白质的水平。日粮中含氮物质愈多，动物对必需氨基酸数量上的要求就越高。

(5)加热处理　某些饲料加热处理后，会影响动物对其中一些必需氨基酸的利用。比如鱼粉和肉粉等经过加热处理后，会降低动物对其中含有的赖氨酸、精氨酸和组氨酸的利用效率。

第四节　能量需求

能量不是营养物质，它是由糖类、脂肪和氨基酸在体内氧化释放产生的，能量摄入是一个基本的营养需求。相对于蛋白质来说，鱼对能量的需求是非常低的。由于鱼类不必耗费能量来维持体温，蛋白质代谢物带走的能量也少，鱼类生活在水中所受的浮力与体重大致相当，只需要消耗少量的能量就能维持水中的姿态，所以，鱼类所需要的能量比陆上动物少。

但是，在饲料制作过程中满足斑点叉尾鮰的能量需求仍是非常重要的。如配给的能量不足，会导致鱼不能最充分地利用饲料中的蛋白质和其他营养物质以满足其生长需要；如配给的能量过多，则会限制饵料中其他成分的正常吸收，并引起过量的脂肪积累。对于体重为25克左右的斑点叉尾鮰，如果饲料中粗蛋白质含量为30%～36%，建议其能量为每克蛋白质可消化能35 587～41 868焦(即每千克饲料10 467～15 909千焦)，用这样的饲料可以使鱼在池塘保持最佳的生长率至体重500克左右。

据有关研究表明:在给定的蛋白质水平,当能量蛋白质比低于最佳值时,鱼增重不理想;能量蛋白比过高会使鱼体脂质增加,可食部分百分率降低。斑点叉尾鮰饵料能量蛋白比过高,会减少其对任一饵料消耗,从而导致鱼体重增加速度降低。

植物是鱼饲料主要的碳水化合物来源,它们以3种形式出现,即糖、淀粉、纤维。糖是指易溶解的单糖和双糖,在斑点叉尾鮰饲料中它们含量比较低。糖类又是饲料中最廉价的能源,且有助于饲料制粒和成形。斑点叉尾鮰对饲料中糖的利用率与糖类相对分子质量大小有关。研究发现,斑点叉尾鮰对较高相对分子质量类(如淀粉或糊精)的利用率优于单糖或双糖。表现消化率以葡萄糖最高(大约90%),淀粉次之(50%~80%),纤维最低(基本不消化)。在饲料制粒过程中,加热能使淀粉消化率提高大约15%,但若淀粉含量超过30%,则其消化率将降低15%。

虽然葡萄糖要比淀粉更容易被斑点叉尾鮰吸收,但从其生长表现看,以淀粉作为能量供给要比糖类好些。相比来说,斑点叉尾鮰的生长主要靠淀粉。斑点叉尾鮰对淀粉消化及利用效率导致了蛋白质的"节约效应",即饵料中存在适量淀粉时,对蛋白质利用百分比会更高,氨基酸需要量更容易满足。因此,可以用淀粉来平衡蛋白质,以获得最佳能量蛋白比。同时发现,斑点叉尾鮰饲料糖类高达25%时,也能像脂肪一样被作为能源加以利用,高糖饲料可显著提高斑点叉尾鮰肝脏和肠系膜脂肪组织中几种脂肪合成酶的活性,说明斑点叉尾鮰可耐受高糖饲料并将其剩余能量转化为脂肪。

温水性鱼类像家畜一样,能很好地消化动物性饲料(如鱼粉、肉骨粉)中的能量,消化率可达80%~85%。鱼类对于来自碳水化合物的油籽粉(如大豆饼粉、棉籽粉)的能量的利用率则较低(仅为53%~59%)。鱼类对谷物中的主要能源——淀粉的消化能力比畜类弱。例如,斑点叉尾鮰只能利用玉米中总能量的25%,而猪可利用85%;但是若将玉米煮熟并压制成粉,斑点叉尾鮰对其所含能量的利用率可增加到58%。研究表明,斑点叉尾鮰对小麦总能量的利用率约为生玉米的2倍,不少鱼类对高纤维饲料的能量利用率较小,如只能利用苜蓿粉总能量的16%。

第五节　脂肪

脂肪是由碳、氢、氧3种元素组成，包括中性脂肪和类脂肪，它是广泛存在于动植物体内的一类化合物。动物体内的脂肪存在于各种体组织中，其中以皮下蜂窝组织和网膜组织中的脂肪含量较多，而肌肉组织含脂肪相对较少。饲料脂肪通常是用乙醚浸出法测定。按现行方法测定的脂肪，并非纯净脂肪，其中含有非脂质物质，如含有有机酸、树脂、色素和脂溶性维生素等，故也成为粗脂肪或乙醚浸出物。脂类的分类、组成和来源见表3－3。

表3－3　动物营养中脂类的分类、组成和来源

分类	名称	组成	来源
(一)可皂化脂类			
1. 简单脂类			
	甘油酯	甘油+3脂肪酸	动植物体特别是脂肪组织植物和动物
	蜡质	长链醇+脂肪酸	
2. 复合脂类			
(1)磷脂类	磷脂酰胆碱	甘油+2脂肪酸+磷酸+胆碱	动植物中
	磷脂酰乙醇胺	甘油+2脂肪酸+磷酸+乙醇胺	动植物中
		甘油+2脂肪酸+丝氨酸+磷酸	动植物中
(2)鞘脂类	磷脂酰丝氨酸	鞘氨醇+脂肪酸+磷酸+胆碱	动物中
		鞘氨醇+脂肪酸+糖	动物中
(3)糖脂类	神经鞘磷脂	甘油+2脂肪酸+半乳糖	植物中
	脑苷脂		
(4)脂蛋白质	半乳糖甘油酯	蛋白质+甘油三酯+胆固醇+磷脂+糖	动物血浆

续表

分类	名称	组成	来源
(二)非皂化脂类			
1. 固醇类	乳糜微粒等	环戊烷多氢菲衍生物 环戊烷多氢菲衍生物	动物中 高等植物、细菌、藻类
2. 类胡萝卜素	胆固醇	萜烯类	植物中
3. 脂溶性维生素	麦角固醇 β-胡萝卜素等 维生素 A,维生素 D,维生素 E,维生素 K	见维生素的营养相关内容	动植物中

脂类化合物(包括游离脂肪酸、甘油酯、磷脂、油、蜡、甾醇)是斑点叉尾鮰非常重要的营养元素。它们既能提供能量,也是构成生物膜的主要成分,每克脂类所放出的能量大约是相同重量的蛋白质或糖类的 2 倍。通常营养平衡的饲料应该包括既能提供必需氨基酸又能提供能量的脂类。尽管脂类是很好的能量来源,但在斑点叉尾鮰饵料中的含量不能过高,原因在于过多的脂类将会导致大量脂肪在肌肉和内脏中沉积,从而引起出肉率的降低和冰冻储存过程中酸败的加速。

不饱和脂肪酸主要有 3 种,分别是油酸、亚油酸和亚麻酸。其中,亚油酸和亚麻酸是真正的多聚不饱和脂肪酸,油酸只含一个双键。对于斑点叉尾鮰来说,在适宜温度(26 ~ 30℃)范围内,不饱和脂肪酸含量丰富的植物油和鱼油优于来自陆上动物的脂肪(陆上动物脂肪中饱和脂肪酸含量比例大)。在温水性鱼类的饲料中,可以将不饱和脂肪酸和饱和脂肪酸混合使用。

大量研究表明,饲料中仅含有植物油会抑制斑点叉尾鮰的生长,而鲱鱼油(亚麻酸含量适当)或牛脂(油酸含量高)含量高的饲料能很好地促进斑点叉尾鮰的生长。水产科研工作者用半精制和实用饲料进行斑点叉尾鮰养殖的实验都表明:牛脂和鲱鱼油是斑点叉尾鮰饲料中优质的脂类来源,但亚麻籽油会抑制斑点叉尾鮰的生长(表 3 -4)。

表 3-4　斑点叉尾鮰半精制饵料中脂类含量及对生长的影响

饲料中脂类及含量	生长状况
硬脂酸 6%	良好
硬脂酸 4%，油酸 2%	良好
硬脂酸 5%，油酸 1%	良好
硬脂酸 4%，亚油酸 2%	良好
硬脂酸 5%，亚油酸 1%	良好
硬脂酸 4%，亚麻酸 1%	差
硬脂酸 5%，亚麻酸 1%	差
硬脂酸 4%，油酸 1%，亚油酸 1%，亚麻酸 1%	良好
鲱鱼油 6%	良好
游离脂肪	良好

有关斑点叉尾鮰对脂类的需求量有不同看法。通常认为脂肪含量过高会导致其在鱼体内大量沉积，再则若油脂添加量超过 5%，也会造成制粒困难，除非制粒后再喷涂油脂。通常来讲，斑点叉尾鮰饲料中总脂的含量保持在 5% ~6% 是比较合适的，不会引起营养失衡的问题。与牛脂类似的硬脂比植物脂类更能有效地促进斑点叉尾鮰生长，它们不会影响斑点叉尾鮰本身所特具的风味，但用高含量的海水鱼油则会发生这类问题，在斑点叉尾鮰饲料生产中应多加注意。

脂类在储存、运输和加工过程中容易氧化，这种变化可分为自动氧化和微生物氧化。脂质自动氧化是一种自由基激发的氧化。先形成脂过氧化物，这种中间产物并无异味，但脂质"过氧化物价"明显升高，此中间产物再与脂肪分子反应形成氢过氧化物，氢过氧化物达到一定浓度时则分解形成短链的醛和醇，从而使脂肪出现酸败味，最后经过聚合作用，使脂肪变成黏稠状、胶体状甚至固态物质。而微生物氧化是以酶催化的氧化，存在于植物饲料中的脂氧化酶或微生物产生的脂氧化酶最容易使不饱和脂肪酸氧化。其催化反应与自动氧化一样，但反应形成的过氧化物，在同样温、湿度条件下比自动氧化多。脂肪的氧化酸败，在光、热及适当催化剂（铜离子、铁离子）存在时更容易发生，其结果就是不但产生不适宜气味，而且降低脂类营养价值。

预防脂类氧化酸败的措施主要有下列几项：

(1)选择好品种　饲料中尽量使用过氧化值低的新鲜油类。

(2)提油后储存　饲料在储存之前，用机械法或溶剂法将其中的油脂提取出来，形成脱脂饲料，然后再储存。比如脱脂鱼粉、脱脂米糠和脱脂蚕蛹等，在生产配合饲料之前，根据实际需要，临时加入油脂。

(3)在饲料中加入抗氧化剂　这样可以避免脂类的氧化酸败，如加入抗坏血酸、棕榈酸酯、二丁基甲酚、乙氧基喹等。

(4)储存饲料合理　温度、湿度、水分、光线、氧气的浓度和微量金属离子等都对油脂及含油饲料品质的影响极大。如随着温度的上升，油脂氧化明显加快，温度每上升10℃油脂氧化速度提高1倍。光线，特别是紫外线能使饲料油脂氧化反应爆发性发生，金属离子也会使油脂氧化，且作用强大。

(5)抗氧化油脂　抗氧化油脂又称为稳定化动物脂肪或固化脂肪，是脂类物质经特殊工艺制成，呈白色粉末状的油脂。因为不饱和脂肪酸被处理，减弱了油脂氧化酸败的反应发生。

第六节　碳水化合物

碳水化合物是多羟基的醛、酮或其简单衍生物以及能水解产生上述产物的化合物的总称，它是一类重要的营养素。碳水化合物是动物饲料中来源广、成本低的主要能源。它主要存在于植物中，是植物性饲料的主要组成成分，含量可占干物质的50%～80%，而在动物体内含量甚少。虽然鱼类对碳水化合物的利用能力低，但它仍然是水生动物不可缺少的一类营养物质。

碳水化合物主要由碳、氢、氧3种元素组成。自然界中的碳水化合物，根据分子结构可分为单糖、低聚糖和多聚糖。在营养学上根据碳水化合物的分析方法，分为无氮浸出物和粗纤维。

无氮浸出物为不含氮的可浸出的有机化合物,包括有糖类化合物和有机酸。糖类化合物主要是糖原、葡萄糖、麦芽糖、核糖、糊精,有机酸主要是乳酸及少量的甲酸、乙酸、丁酸、延胡索酸等。

糖原主要存在于肝脏和肌肉中,肌肉中含0.3%～0.8%,肝中含2%～8%,马肉肌糖原含2%以上。宰前动物消瘦、疲劳及病态,肉中糖原储备少。肌糖原含量多少,对肉的pH、保水性、颜色等均有影响,并且影响肉的保藏性。

第七节 维生素

维生素是有机化合物,在饲料中用量很少,但对鱼类的正常生长、繁殖以及健康是必不可少的。鱼类自身不能合成维生素,必须从食物中获得,而且其需求量受鱼类个体大小、年龄、水质、水温、鱼类健康状况以及维生素本身不稳定性等多种因素的影响。人们较早就认识到鱼类需要维生素,然而到1957年之前对斑点叉尾鮰所需维生素的基本情况尚不了解。自从斑点叉尾鮰必需的几种维生素被发现后,目前已探明14种维生素是斑点叉尾鮰所需的维生素。

1. 维生素的补充

斑点叉尾鮰饲料划分为补充饲料和完全饲料2种。补充饲料用于低密度的池塘养殖水体,只含有最基本的营养元素,也就是说,只提供蛋白质和能量,而微量营养元素由天然饵料提供。完全饲料是指既含有适量的基本营养元素,也含有微量元素。现在池塘养殖中由天然饵料提供的只占一小部分,所有养殖商品鱼人工投喂的都是全价饲料。浓缩维生素的混合物添加到饲料中,被称为预混合饲料,这是饲料生产的习惯加工步骤。表3－5所推荐的斑点叉尾鮰饲料各种维生素含量均超过其最小需求量。

表3-5　斑点叉尾鮰饲料中维生素预混合饲料组成

维生素	每吨饲料用量
维生素A	550万国际单位(活性)
维生素D_3	200万国际单位(活性)
维生素E	5万国际单位
维生素K	10克
维生素B_1	20克
维生素B_2	20克
维生素B_6	10克
烟酸	100克
泛酸	50克
氯化胆碱(70%)	550克
叶酸	5克
维生素B_{12}	1克
生物素	1克
肌醇	100克

预混合饲料超量添加维生素时主要考虑以下过程所造成的损失:在饲料加工、储存过程中维生素分解损失。例如,加热会加速抗坏血酸氧化,损失量可达40%,抗环血酸是鱼饲料中第一限制性维生素。饲料成形过程中约一半的维生素A和维生素D_3的含量低于计算值。当然,饲料加工过程只会造成某些维生素部分损失,而不是全部;投饲过程维生素在水中的浸溶散失;由于维生素对环境影响较敏感,所以饲料储存待用期间的损失也要考虑计算在内。

另外,由于维生素的过分加强会引起抗代谢物质降低某些维生素的活力,因此需要考虑饲料成分中维生素的含量和生物利用率。同时,也要考虑投喂时饲料进入水中维生素的浸水情况,必须追补一部分维生素,来弥补缺失的那一部分维生素。

通常可把抗氧化剂加到维生素预混合饲料中以稳定维生素,防止维生素的损失,此外,还可采用酯化作用和颗粒饵料表面覆盖各种保护性物质以提高维生素的稳定性。但是,即使利用最有效的增加维生素稳定性的保护物,一些维生素在加工和储存过程中也不可避免地散失掉。因此,鱼饲料中维生素在满足鱼体最小需求量的前提下,也要适当加入过量的维生素以留有余地。

另外,因为维生素对环境因素的影响较敏感,所以鱼饵料储存期不宜超过3个月。饵料应储存在阴凉干燥的地方,避免太阳光或强光照射。

2. 维生素需求量及缺乏症

维生素需求量的确定,通常是根据能保证鱼体最快生长或防止缺乏症的最小量;或者是通过测定鱼体特殊组织(通常为肝脏、血液)中的维生素的最大储存量来判断对饲料维生素的需求量。斑点叉尾鮰对多种维生素需求量见表3-6。

表3-6 斑点叉尾鮰对维生素的最小需求量(防止缺乏症状发生的最小量)和普通饲料源

维生素	需求量(毫克/千克)	来源
维生素 B_1	1.0	大豆粉
维生素 B_2	9.0	谷物类,油籽蛋白
维生素 B_6	3.0	谷物类,酵母
泛酸	10.0~20.0	糠麸,酵母,鱼粉
烟酸	14.0	酵母,豆类
维生素 H	R	鱼粉,花生大豆粉混合物,乙醇
叶酸	NR	鱼组织,酵母
维生素 B_{12}	R	鱼粉,肉及动物副产品
胆碱	R	大豆及其他植物粉
肌醇	NR	普通鱼饲料组分
维生素 C	60.0	鱼新鲜组织
维生素 A	1 000~2 000(国际单位)	鱼粉和油
维生素 D	500~1 000(国际单位)	鱼油
维生素 E	30.0	大豆粉,玉米粉,麦芽酚
维生素 K	R	大豆粉

注:①美国国家研究委员会(NRC)(1983),温水性鱼类营养需求量。②这些数量没有考虑加工、储存过程中损失的量。③R 表示需要,但不知需求量。④NR 表示在实验条件下的需求。

表3－6给出的维生素需求量是指防止特异性缺乏症状发生的最小需求量，而不是达到鱼最大生殖水平的需求量，也不是扣除了加工储存、水中散失等过程耗尽后饲料中的维生素量。斑点叉尾鮰饲料生产过程中加入的维生素量如表3－7所示。维生素H对鱼体增长没有效果，故没有列入。

表3－7　斑点叉尾鮰饲料加工时加入的维生素量

维生素种类	每千克鱼饲料含量（毫克）	每吨鱼饲料含量（毫克）
维生素 B_1	11.00	10 000
维生素 B_2	13.20	12 000
维生素 B_6	11.00	10 000
泛酸	35.20	32 000
烟酸	88.00	80 000
叶酸	2.20	2 000
维生素 B_{12}	0.09	8
氯化胆碱（70%）	550.00	500 000
维生素C	375.60	340 500
维生素A	4 400（国际单位）	4 000 000（国际单位）
维生素 D_3	2 200（国际单位）	2 000 000（国际单位）
维生素E	55.00	50 000
维生素K	11.00	10 000

斑点叉尾鮰在维生素缺乏时主要症状与温水性鱼类大致相似。最普遍的症状是生长缓慢、食欲不振、死亡率高。

第八节　矿物质

1. 矿物质需求量

由于鱼类饲料中常使用大量的鱼粉或其他的动物副产品，通常认为不用在鱼饲料中补充矿物质。然而鱼类构建其机体组织、完成代谢过程以及调节体液与水环境之间的渗透压平衡需要矿物质多达22种。有些矿物质在鱼类饲料中是必须含有的,有些可溶解于水中的矿物质,如钙,可以通过鳃上皮细胞在体液与水之间进行交换。矿物质有时根据鱼类需求量的大小分为常量元素和微量元素(表3-8)。有的矿物质(如钠、钾)在饲料原料中含量较丰富,不需要另外添加。尽管目前许多矿物质元素的确切需要量还不十分清楚(表3-9),但作为全价饲料,必须补充添加矿物质,其推荐用量见表3-10。

表3-8 鱼类所需要的矿物质

常量矿物质(7种)	微量矿物质(15种)	
钙	铁*	氟
磷*	碘*	铝
镁*	锰*	镍
钠	铜*	钒
钾	钴	硅
氯	锌*	锡
硫	硒*	铬
	钼	

注:*为生产全价饲料必须添加的矿物质。

表3-9 斑点叉尾鮰饲料中无机元素的适宜含量(占饲料的%)

无机元素	斑点叉尾鮰饲料中适宜含量(%)
钙	≤0.05、(14)[a]
磷*	0.45 -
镁*	0.04(1.6)[a]
铁	-
碘	-
硒	-
锌	20(25)[b]
铜	1.5(0.33)[b]

注:a表示括号的数为养殖水体中含量,单位为毫克/升。

b表示水中含量,单位为毫克/升。

*为生产全价饲料必须添加的矿物质。

表 3-10　斑点叉尾鮰饲料矿物质组成

矿物质	饲料用量（克/吨）
硫酸铜（$CuSO_4$）	20
硫酸亚铁（$FeSO_4$）	200
碳酸镁（$MgCO_3$）	50
碳酸锰（$MnCO_3$）	50
碘化钾（KI）	10
硫酸锌（$ZnSO_4$）	60
氯化钠（NaCl）	5
碳酸钴（$CoCO_3$）	1
亚硒酸钠（Na_2SeO_3）	2
乙氧喹（抗氧化剂）	125

2. 影响因素

影响饲料中矿物质适宜含量的因素主要有以下6个方面：

（1）水生动物的规格和环境因素　水生动物在小规格或在最适环境中，代谢旺盛，生长潜力大，此时对矿物质的需求量大，反之则小。

（2）饲料中脂肪的含量　硒具有抗脂肪氧化的作用，故当饲料中脂肪含量高时，硒的含量也应适当升高。

（3）其他矿物质　对于那些具有拮抗作用的矿物质，当一种矿物质的含量高时，另一种或几种矿物质的含量也应升高，以削弱其拮抗作用，提高吸收量。

（4）其他营养素　当饲料中对矿物质吸收有阻碍作用的其他营养素含量高时，相应矿物质的含量则应适当提高，反之应当降低。与之对应的，如果饲料中对矿物质的吸收有促进作用的其他营养素含量高时，相应矿物质含量可适当降低，反之，应提高。

（5）水中含量　若水环境中可溶解性矿物质含量高时，饲料中矿物质含量可适当降低，反之，则应当提高。

（6）消化道中酸碱度　酸性环境可以提高矿物质的溶解性，促进吸收，但若酸与矿物质形成沉淀，则会抑制吸收，此时应该增加饲料中矿物质含量。

3. *矿物质缺乏症*

鱼类的矿物质缺乏症与其他营养物质的缺乏症相似,也是难以撇开其他营养物质来单独进行讨论的问题。迄今,对鱼类矿物质缺乏症的研究不如维生素那样详细,已知或者可能发生的矿物质缺乏症包括生长率低、食欲减退和骨骼畸形等情况(表3-11)。另外,许多矿物质的缺乏都与需求量最大的钙、磷有关,这也是研究最多的两种矿物质。只要水中的碳酸钙含量在5毫克/升以上,大多数淡水鱼类都可以从水中吸收其所需要的钙质,因此,在鱼类矿物质预混合饲料中可以不添加钙。但是磷是饲料中必须添加的矿物质,因为大多数水体中溶解磷的浓度都很低,难以满足鱼类的需要。

表3-11 斑点叉尾鮰可能发生的矿物质缺乏症

矿物质	缺乏症状
磷	生长缓慢,骨骼发育不良,脊柱弯曲,肋骨及胸鳍条钙化不良;头部畸形;躯体脂肪超常积累;脂肪肝
镁	生长不良,消瘦;肌肉松弛(退化);死亡率高
铁	贫血
铜	骨骼肌骨胶原质发育不正常
碘	甲状腺肿大
锌	生长缓慢,厌食;表皮、鳍条溃烂;白内障
锰	生长不良;尾鳍不正常
硒	生长缓慢,肌肉营养不良
钠、钾和氯	尚未发现缺乏症

第九节 斑点叉尾鮰饲料的种类与评价

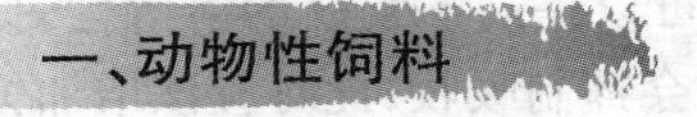

一、动物性饲料

水产用动物性饲料主要是鱼粉和蚕蛹,其他还有虾(壳)粉、乌贼(内脏)粉等。这类饲料的特点是蛋白质含量高,一般在40%以上,各种氨基酸组成好,营养价值高。碳水化合物含量极少,且无粗纤维,因而消化吸收率高。钙、磷含量丰富,比例合适,富含B族维生素,特别是含有植物性饲料所少的维生素B_{12}。但是动物性饲料资源有限,因此价格较高,但这类饲料又是水生动物生长必需的,故在生产上一般与植物性饲料配合使用。

1. 鱼粉

鱼粉是以一种或多种鱼类为原料,经去油、脱水、粉碎加工后的高蛋白质饲料原料。从很早开始,捕鱼地区的人们就开始食用鱼粉。据记载,用鱼粉做食物在公元前的远东地区和罗马帝国就已经很流行。从1876年起,挪威人在制作面包干时就加入了鱼粉。在第二次世界大战期间,德国生产出了高质量的食用鱼粉,在烤面包时用它来替代蛋类。全世界的鱼粉生产国主要有秘鲁、智利、日本、丹麦、美国、苏联、挪威等,其中秘鲁与智利的出口量约占总贸易量的70%。据世界粮农组织(2013年)统计,中国鱼粉年产量约120万吨,约占国内鱼粉消费总量的一半,主要生产地在山东省(约占国内鱼粉总产量的50%),而浙江省约占25%,其次为河北、天津、福建、广西等省市区。20世纪末期,我国每年大约进口70万吨鱼粉,约80%来自秘鲁,从智利进口量不足10%,此外从美国、日本、东南亚国家也有少量进口。

(1)营养价值

1)有效能值　鱼粉中不含纤维素及其他难于消化的物质,粗脂肪含量高,鱼粉的有效能值高,生产中以鱼粉为原料很容易配成高能量饲料。

2)维生素　鱼粉富含B族维生素,尤以维生素B_{12}、维生素B_2含量高,还含有维生素A、维生素D和维生素E等脂溶性维生素。

3)矿物质　鱼粉是良好的矿物质来源,钙、磷的含量很高,且比例适宜,所有磷都是可利用磷。鱼粉的含硒量很高,可达每千克2毫克以上。此外,鱼粉中碘、锌、铁、硒的含量也很高,并含有适量的砷。

4)未知生长因子　鱼粉中含有促生长的未知因子,这种物质还没有提纯成化合物,该物质可刺激鱼类生长发育。

(2)质量检测　随着水产养殖业的发展,鱼粉的需要量日益增大。一些不法商贩乘机掺杂使假,牟取暴利。现在市场上国产和进口假鱼粉屡见不鲜。据饲料检验部门的介绍,在鱼粉中多掺入蟹壳粉、虾壳粉、血粉、羽毛粉、皮革粉、棉粕、菜粕、谷壳、尿素等。一般掺假的量是精心计算的,因此用凯氏定氮法测定掺假鱼粉的蛋白质含量都能达到国标一、二级鱼粉的水平,但真蛋白质的质量和数量却很低,氨基酸组成不平衡。用掺假鱼粉配制的饲料,因饲料的营养不平衡不但影响鱼类生长,而且还会导致鱼的体质下降,抗病力降低,饲料系数增大,排泄粪便增多,水质污染严重。这一系列的不利影响,不仅可给用户造成重大的经济损失,而且还破坏了国产鱼粉的声誉。所以我们一方面要自觉地坚持打假,另一方面要提高识别真假鱼粉的能力。初步辨别可以从以下几个方面进行直观辨别,进一步鉴别需要实验室检测。

视觉:优质鱼粉色泽一致,呈红棕色、黄棕色或黄褐色等,细度均匀。掺假鱼粉为黄白色或红黄色,细度和均匀度较差。劣质鱼粉为浅黄色、青白色或黑褐色,细度和均匀度较差。若鱼粉受潮,蛋白质变性结块,颜色发白或发灰、腥味浓、无光泽。如色深偏黑,有焦味可能是自燃烧焦鱼粉。

嗅觉:优质鱼粉具咸腥味;劣质鱼粉有腥臭、腐臭或哈喇味;掺假鱼粉有淡腥味、油脂味或氨味等。如果掺假物的数量多较易分辨。掺入棉仁粕和菜籽粕的鱼粉,有棉仁粕和菜籽粕味,掺有尿素的鱼粉,略具氨味。

触觉:优质鱼粉手捻质地柔软呈鱼松状,无沙粒感;劣质鱼粉和掺假鱼粉都因鱼肌肉纤维含量少,手感质地较硬,粗糙磨手。

(3)注意事项　①鱼粉容易霉变及受虫害,尤其是在高温多湿的情况下,更容易变质,所以制备鱼粉时必须干燥,并储存在干燥、通风处。②含脂肪多的鱼粉如果储存不当,容易发生酸变,使鱼粉形成一些红黄色或红褐色的物质,出现恶臭味,导致鱼粉品质骤降,因此最好使用脱脂鱼粉。③购买鱼粉时,要加强质量检测。④鱼粉价格较高,在生产中应与其他饲料配合使用。

2. 蚕蛹

蚕蛹是蚕茧缫丝后的副产品，是一种高蛋白的营养品。蚕吐丝结茧后经过4天左右，就会变成蛹。蚕蛹的体形像一个纺锤，分头、胸、腹三个体段。头部很小，长有复眼和触角；胸部长有胸足和翅；鼓鼓的腹部长有9个体节。颜色是咖啡色的。蚕刚化蛹时，体色是淡黄色的，蛹体嫩软，渐渐地变成黄色、黄褐色或褐色，蛹皮也会变硬。经过12～15天，当蛹体又开始变软，蛹皮有点起皱并呈土褐蚕茧色时，它就将变成蛾了。

（1）营养价值　蚕蛹具有极高的营养价值，含有丰富的蛋白质（鲜蚕蛹含粗蛋白质占51%）、脂肪酸（粗脂肪占29%）、维生素（包括维生素A、维生素B_2、维生素D及麦角甾醇等）。湿鲜蚕蛹的粗蛋白质含量在17%左右，干蚕蛹粗蛋白质含量可达55%以上，而且蛋白质中的必需氨基酸种类齐全。蚕蛹蛋白质由18种氨基酸组成，其中人体必需的8种氨基酸含量很高。蚕蛹中的这8种人体必需的氨基酸含量大约是猪肉的2倍、鸡蛋的4倍、牛奶的10倍，且营养均衡、比例适当，是一种优质的昆虫蛋白质。但是普通干蚕蛹因脂肪含量高（达20%左右），易变质，不宜久存，故常制成脱脂蚕蛹。脱脂蚕蛹在粗蛋白质和氨基酸含量及组成上，与优质鱼粉相似，而且维生素含量丰富，维生素E和维生素B_2含量分别为每千克900毫克和72毫克。

（2）质量标准　水分不超过12%，成分以88%干物质基础计。

一级：粗蛋白≥55%，粗纤维<6%，粗灰分<4%。

二级：粗蛋白≥50%，粗纤维<6%，粗灰分<5%。

三级：粗蛋白≥45%，粗纤维<6%，粗灰分<5%。

三项指标必须均符合相应的等级规定。

（3）注意事项　蚕蛹虽然蛋白质含量很高，但过多使用，鱼体会产生一种特殊异味，影响商品鱼质量。故蚕蛹在配合饲料中的用量不宜过多（10%以下为宜），并且在鱼起捕前半个月内应停止使用。另外大量投饲变质蚕蛹后，会引起鱼体生病，故对质量差的干蚕蛹应该控制使用。

3. 虾（蟹）粉和虾（蟹）壳粉

将虾（蟹）可食用部分除去后的新鲜虾（蟹）杂为原料，经干燥、粉碎之后所得的产品称虾(蟹)粉。由纯虾(蟹)壳经干燥、粉碎之后所得的产品叫虾(蟹)壳粉。

4. 乌贼粉与乌贼内脏粉

以人类不能使用的乌贼残屑为原料,经干燥、粉碎得到的产品叫乌贼粉。若以乌贼的头、足、内脏等不可食用部分经发酵、提油、干燥、粉碎后得到的产品叫乌贼内脏粉。它们均属高蛋白饲料,其中乌贼粉粗蛋白质含量可达70% ~80%,乌贼内脏粉粗蛋白质含量一般在35% ~53%。其氨基酸组成良好,对水生动物有强烈的诱食效果,且含有高度不饱和脂肪酸及胆固醇,是水生动物的良好饲料。要注意在制作乌贼内脏粉时应除去乌贼墨汁,否则会引起养殖对象的嗅觉麻痹而造成拒食现象。

二、配合饲料

1. 配合饲料相关概念

(1)配合饲料　配合饲料指根据动物的不同生长阶段、不同生理要求、不同生产用途的营养需要以及以饲料营养价值评定的实验和研究为基础,按科学配方把不同来源的饲料,依一定比例均匀混合,并按规定的工艺流程生产以满足各种实际需求的混合饲料。配合饲料不是简单地将多种饲料原料混合而成,而是以水生动物营养研究、饲料分析与评价为基础,结合不同养殖方式、不同的水体环境条件及养殖目的和养殖生产过程中积累的经验等,用科学合理的配方计算方法设计出各种原料间的比例,然后以科学的生产工艺流程配置、加工而成的一种工业化的商品饲料,是随着养殖生产的过程不断变革和完善的。

(2)预混合饲料　指由一种或多种的添加剂原料(或单体)与载体或稀释剂搅拌均匀的混合物,又称添加剂预混合饲料或预混合饲料,目的是有利于微量的原料均匀分散于大量的配合饲料中。预混合饲料不能直接饲喂动物,它要与蛋白质饲料和能量饲料按一定比例混合加工成配合饲料。预混合饲料可视为配合饲料的核心,因其含有的微量活性组分常是配合饲料饲用效果的决定因素。根据其组成成分不同,预混合饲料又可以分为单一预混合饲料和复合预混合饲料。

(3)浓缩饲料 又称为蛋白质补充饲料，是由蛋白质饲料(鱼粉、豆饼等)、矿物质饲料(骨粉石粉等)及添加剂预混合饲料配制而成的配合饲料半成品。再掺入一定比例的能量饲料(玉米、高粱、大麦等)就成为满足动物营养需要的全价饲料，具有蛋白质含量高(一般在30%～50%)、营养成分全面、使用方便等优点。水产动物的配合饲料中，浓缩饲料一般所占的比例为45%～75%。

(4)混合饲料 由各种饲料原料经过简单加工混合而成，为初级配合饲料，主要考虑能量、蛋白质、钙、磷等营养指标。在许多农村地区常见混合饲料可用于直接饲喂动物，效果高于一般饲料，喂养生长速度快，但易生病，抵抗能力差。

2. 配合饲料的优势

(1)提高了饲料的营养价值和经济效益 配合饲料是以水生动物的营养和生理特征为基础，根据其在不同情况下的营养需要、饲料法规和饲料管理条例，有目的地选取不同饲料原料均匀混合在一起，使饲料中的营养成分可以充分发挥互补作用，且保证活性成分的稳定性，进而提高饲料的营养价值和经济效益。

(2)能充分合理高效地利用各种饲料资源 配合饲料是由粮食、各种加工副产品、植物茎叶、矿物质饲料及微量添加剂等配合而成。由于配合饲料原料多样化，可使上述各方面饲料资源进行加工处理，与其他精饲料一起加工成配合饲料，则能很好地被水生动物所摄食、消化和吸收，为其提供多种营养，从而扩大了饲料来源。

(3)可充分利用各种饲料添加剂 配合饲料能运用各种饲料添加剂，加速水生动物生长，减少疾病发生，提高饲料利用率。

(4)减少水质污染，增加水生动物放养密度 配合饲料经过制粒过程，将各种原料黏合在一起，从而减少了饲料中营养素在水中的溶失和对水质的污染，降低了养殖水体的有机耗氧量，提高了水生动物的放养密度。

此外，还可减少养殖业的劳动支出，实现机械化养殖，促进现代化养殖业的发展。

3. 配合饲料的类型

按配合饲料物理性状(成品状态)，可将配合饲料分为以下3

类：

(1)粉料　粉料配合饲料是按配方规定的比例，将多种原料经清理、粉碎、配料和混合而成的粉状成品，是目前我国大多数的配合饲料工厂采用的主要形式，其细度一般在2.5毫米以下。粉状配合饲料养分含量均匀，饲喂方便，生产加工工艺简单，加工成本低。但在储藏和运输过程中养分易受外界环境的干扰而失活，易引起水生动物挑食，造成饲料浪费。

(2)颗粒饲料　颗粒饲料成短棒状，颗粒直径根据所投喂对象大小而定，长度为直径的1～2倍。颗粒饲料是将配合好的粉状饲料在颗粒机中经蒸汽调质、高压压制而成的直径可大可小的颗粒状饲料。颗粒饲料可避免水生动物挑食，保证采食的全价性；在制粒过程中的蒸汽压力有一定灭菌作用；在储存和运输过程中能保证均匀而不会自动分级；由于在制粒过程中要加入糖类和油脂，因而也改善了饲料的适口性。但加工过程中由于加热加压处理，部分维生素、酶的活性受到影响，生产成本比较高。

(3)膨化饲料　膨化饲料是粉状配合饲料通过膨化机后，形成具有较大空隙的颗粒饲料。其方法是把混合好的粉状饲料加水加湿变成糊状，在10～20秒瞬时加热到120～170℃，然后挤出膨化腔，使物料骤然降压，水分蒸发，体积膨胀，然后切成适当大小的颗粒饲料。它是养鱼业饲料的重要形式，多用来做淡水养殖业的饲料。

4. 配合饲料的配方

对于斑点叉尾鮰的营养需求及人工配合饲料，国外已做了比较充分的研究。自20世纪80年代初该鱼引进我国后，结合我国饲料资源和养鱼特点，我国也对斑点叉尾鮰的人工配合饲料开展了大量的工作，目前既有低成本配方、标准配方，又有各种因地制宜研制的饲料配方和相关研究。如果不考虑饲料中各种成分的价格，各种饲料配方都应该基本相同，这种基本相同的饲料配方经过研究并经实践证明效果比较好。一般情况下，不论鱼粉的价格有多高，它在斑点叉尾鮰饲料配方中是无法替代的，占饲料的5%～10%。在实际中，必须考虑到饲料配方中各种原料的价格，其基本原则是以最低成本配制出与最佳配方基本接近的饲料，所以配合饲料会随着饲料中各种原料价格的变化而不断变化。

（1）标准饲料配方　标准配方是指不管原料价格如何变化，配方中各种原料的用量基本保持不变（表3－12和表3－13）。

表3－12　斑点叉尾鮰鱼种饲料标准配方（蛋白质含量为36%）

原料	含量
鱼粉（鲱或秘鲁鱼粉）（%）	10.0
豆饼粉（蛋白质含量为48%）（%）	37.0
玉米粉（%）	18.0
酒糟（%）	7.5
糠麸或小麦粉（%）	23.5
磷酸二氢钙（%）	1.5
果粒黏合剂（%）	2.5
矿物质预混合饲料（克/吨）	680.0
维生素预混合饲料（克/吨）	454.0
抗坏血酸（建议使用有包膜的或磷酸酯形式）（克/吨）	454.0

表3－13　斑点叉尾鮰成鱼饲料标准配方（蛋白质含量为32%）

原料	每吨饲料含量（千克）
鱼粉（蛋白质含量为61%）	100.0
豆粕（蛋白质含量为44%～48%）	400.0
面粉（4号粉）	225.0
米糠（或者用玉米麸、麦麸代替）	140.0
棉籽粕（或其他类似物）	52.0
菜籽粕（或其他类似物）	50.0
鱼油（或动物脂肪）	20.0
维生素预混合饲料（用1∶5 000克面粉作载体）	1.5
矿物质预混合饲料（用1 000克沸石作载体）	1.0
磷酸二氢钙［$Ca(H_2PO_4)_2$］	10.0

续表

原料	每吨饲料含量(千克)
抗坏血酸(建议使用包膜或磷酸酯形式)	0.5
总量	1 000.0
营养成分近似含量	
粗蛋白质:32% 粗脂肪:6% 有效磷:0.8%	可消化能每千克饲料约为 12 141 千焦 可消化能每克粗蛋白质约为 39.8 千焦

(2)经济实惠的饲料配方　斑点叉尾鮰饲料配方不是一成不变地沿用传统的饲料配方。如果知道了动物营养需求量及消化食物的能力,在满足最低营养标准的前提下,为了降低成本,可以选用任意种不同原料(表 3－14 和表 3－15)。

表 3－14　斑点叉尾鮰鱼种最经济的饲料配方
(粗蛋白质含量为 35%)

限制性原料	限量
蛋白质(%)	最小 35.00
纤维(%)	最大 7.00
脂肪(%)	最大 6.00
可消化能(千焦/千克)	最小 11 723.00
鱼粉(%)	最小 12.00
玉米粉(%)	最小 25.00
棉籽粉(%)	最大 10.00
小麦(%)	最小 2.00
维生素预混合饲料(%)	0.10
矿物质预混合饲料(%)	0.10
赖氨酸(%)	最小 1.79
蛋氨酸(%)	最小 0.32
蛋氨酸＋胱氨酸	最小 0.81
总磷(%)	最大 0.70
有磷酸(%)	最小 0.50
钙(%)	最大 1.50

表 3－15　斑点叉尾鮰成鱼最经济的饲料配方(粗蛋白质含量为 32%)

限制性原料	限量
蛋白质(%)	最小 32.00
鱼粉(%)	最小 10.00
豆粕(%)	最小 30.00
棉籽粕(%)	最小 10.00
可消化能(千焦/千克)	最小 11 723.00
脂肪(%)	最大 6.00
面粉膨化颗粒饲料(%)	最小 2.00
硬颗粒饲料(作黏合剂)(%)	最小 10.00
维生素预混合饲料(标准含量)(%)	0.10
矿物质预混合饲料(标准含量)(%)	0.10
总磷(%)	最小 1.20
有效磷(%)	最小 0.80
抗坏血酸(包膜形式)(%)	最小 0.05
抗坏血酸(磷酸酯形式)(%)	最小 0.02

配置比较廉价饲料的最大优点是:当饲料的价格发生改变或者以前没有使用过的饲料成分现在变为可利用时,配方可进行相应地调整和改变,这就要求使用最廉价配方的饲料生产厂家必须具备购进和储备大量各种饲料成分的能力。而现在大多数生产斑点叉尾鮰饲料的厂家受到储备能力的限制,同时,对饲料场来说,及时广泛地购进各种饲料成分也很困难,因为在生产的高峰期,主要饲料成分的周转时间在饲料场中不宜超过 2 天。

(3)斑点叉尾鮰饲料配置指标　不管是生产传统的配方饲料,还是生产最廉价的饲料,必需氨基酸、维生素、无机物、能量等营养元素必须满足,同时,加工和储存过程中的各种损失也应该考虑计算在内。表 3－16 和 3－17 是两个成功的斑点叉鮰标准饲料配方的配制情况。

表 3－16　蛋白质含量为 36% 的斑点叉尾鮰鱼种标准配方

成分	含量
鱼粉（鲱或秘鲁鱼粉）（%）	10.0
豆饼粉（蛋白粉含量为 48%）（%）	37.0
玉米粉（%）	18.0
酒糟液（%）	7.5
玉米粉或小麦粉和小麦粉（%）	23.5
磷酸二氢钙（%）	1.5
颗粒黏合剂（%）	2.5
微量矿物质混合物（克/吨）	680.4
维生素混合物（克/吨）	453.6
有外膜的抗坏血酸（克/吨）	453.6

表 3－17　蛋白质含量为 32% 的斑点叉尾鮰鱼种饲料配方

成分	每吨饲料含量（千克）	
	（1）	（2）
鲱鱼粉	72.58	—
肉鱼粉	—	163.30
大豆粉（蛋白质含量为 48%）	437.72	—
大豆粉（蛋白质含量为 44%）	—	430.92
玉米	265.81	299.38
糠麸或小麦饼	90.72	—
小麦中间产物	—	15.88
磷酸二氢钙	9.07	2.27
干乳清	—	8.17
黏合剂	18.14	—
脂肪（喷洒在成形饵料表面）	13.61	—
微量矿物质混合物	0.453 6	0.453 6
维生素混合物	0.453 6	0.453 6
包膜抗坏血酸	0.34	0.34

三、饲料的评价

1. 饲料制作与质量

斑点叉尾鮰配合饲料有硬颗粒饲料与膨化颗粒饲料之分，2 种饲料的原料是相似的，但膨化料在加工前应添加热敏维生素的损失量，以保证成形后达到所需的营养成分。两种饲料加工工艺不同，膨化料的加工工艺较复杂，加工成本相对较高，但膨化料有其本身的优点，能产生更高的效益。膨化料与硬颗粒比较，其优点有以下几个方面：①膨化料稳定性好，能防止饲料浪费，减少水质污染。②膨化料经高温加工，可杀死饲料原料中的病原体，去除有毒物质，减少病害。③膨化料储存、使用方便，便于观察鱼类摄食情况。④膨化料通过高温、加压调节可以生产不同需要的各种类型饲料。⑤在实际应用中，如能将 15% 的膨化饲料和 85% 的硬颗粒饲料混合使用，既能保证斑点叉尾鮰充分摄食，又利于观察其摄食状态，可随时间调整投饲率。

生产优质饲料，一开始就要有优质的饲料成分，紧接着是要有优化的制作方法，最后要有合适的处理与储藏手段。平时还需对饲料的营养成分进行检测，因为即使是同一饲料不同一批组，其粗蛋白质、脂肪和纤维都可能有很大差别。饲料成分中不应有农药残存物，霉烂污染的饲料严禁使用。

为保证颗粒饲料的质量，脂肪含量在饲料混合物中应不超过 6%，纤维的最大含量也不能超过 6%。因为，高脂成分和加入脂肪会减少颗粒饲料的黏合能力并使浮性饲料膨化，同时在碳水化合物微粒表面裹有脂肪可防止淀粉在蒸汽条件和生产过程中结块，只有这样，颗粒饲料质量才能较好。

所有的谷物类都是饲料较好的天然黏合剂，但其副产品因含低淀粉高纤维或高脂肪，不宜用作黏合剂。微小颗粒具有表面积大、可压缩性强、黏合能力大等优点，因此生产饲料时，应将各成分磨成微小颗粒。通常，沉性颗粒饲料的加工温度应控制在 85 ~ 90℃，以防止淀粉凝胶化。浮性饲料的生产温度要控制在 107 ~ 155℃。适当凝胶化取决于充分的水分、温度和淀粉颗粒的破碎时间。

饲料成分混合完毕，饲料就可加入进颗粒饲料机（生产沉性颗粒饲料)或压模机(生产浮性饲料)。沉性饲料和浮性饲料生产工艺的最大区别是后者要高温高压。浮性饵料成形靠蒸汽和压力,当高压突然加上,使水蒸气扩散,从而保证了浮性饲料微小颗粒分布均匀并将它压成一定的形状。

颗粒饲料的最佳规格以最小鱼能吃到为标准。如果鱼的规格大小比较一致,则只投喂一种规格大小的颗粒饲料。一般养殖斑点叉尾鮰的池塘中,包括有各种大小不同的鱼,可投喂直径为0.48～0.63厘米的颗粒饲料,池塘中大、小鱼都能吃到。喂养鱼苗或小鱼,必须将颗粒饲料磨成粉状或用小规格的。小颗粒饲料的缺点是表面积大,饲料中营养元素易散失且饲料的腐烂速度比大颗粒要快。

鱼饲料应注意保管,不管是散装还是袋装,饲料都应放在阴凉、干燥的地方。因为潮湿会导致霉菌滋生和昆虫侵蚀,高温会导致饲料中油成分的腐败,加速维生素的变质。

2. 饲料质量的判别

水产养殖业者要按计划实现养殖目标,必须要对每一批饲料质量进行严格的审查和检验。

无论采用全价的沉性或浮性颗粒饲料,饲料都应该是新鲜的,生产时间应在4～6周。

通过嗅觉和视觉判断,饲料不能有任何腐败发霉现象,因为霉变的饲料含有毒素,会引起斑点叉尾鮰患病、生长缓慢和饲料系数高等问题。

颗粒饲料中细小的或粉末成形部分应不大于1%才是合格的,通常可将饲料放在手上,用劲吹一下,看粉末有多少;或者在手臂上放15厘米长的饲料,看黏在皮肤上的粉末有多少。颗粒细小、粉末太多的饲料,稳定时间短,鱼在水中无法直接摄食,会造成饲料浪费和水质污染,影响饲养管理和生产效益。

通常,颗粒饲料在水中至少应稳定10分,膨化颗粒饲料应稳定1小时才算合格。可取适量颗粒饲料放入一杯水中,观察其溶化时间,检查其稳定性长短;另将少许饲料放在手指间,用力搓一下,或用其他物体轻轻压一下,来检查其黏结度。饲料的黏结度和稳定性直接与水质污染、饲料系数有关。

用视觉观察原料粉碎粒度，除了玉米外，其他原料的粒度均小于视觉所能辨别的范围。原料过粗会造成消化不完全，增加废物和污染，导致饲料系数升高，利润降低。

注意检查饲料产品包装上有关营养组成、生产日期、生产地址等信息。对于斑点叉尾鮰而言，从 30 ~ 50 克鱼种养成 500 克以上的成鱼，生产规模的饲料系数应为 1.5 ~ 2.0，在一定限度内饲料质量越高，则斑点叉尾鮰健康状况、生长速度和产量越高，而进入环境的废弃物、换水量、增氧次数就越少。高质量的饲料虽然购买时价格较高，但最终降低了生产成本，提高了产品质量和经济效益。

第四章　斑点叉尾鮰养殖场地的选择与建设

新建、改建池塘养殖场必须符合当地的规划发展要求，养殖场的规模和形式要符合当地社会、经济、环境等发展的需要。斑点叉尾鮰养殖场地的建设应根据斑点叉尾鮰的生物习性结合当地养殖水域、生态特性、气候条件进行整体规划与布局，既要满足其生长需求，又要符合有关法律法规要求和无公害健康养殖条件，保证水产品的质量安全。

第一节　养殖场地的选择

新建、改建池塘养殖场要充分考虑当地的水文、水质、气候等因素，结合当地的自然条件决定养殖场的建设规模、建设标准，并选择适宜的养殖品种和养殖方式。在规划设计养殖场时，要充分勘查了解规划建设区的地形、水利等条件，有条件的地区可以充分考虑利用地势自流进排水，以节约动力提水所增加的电力成本。养殖场建设选址必须基础条件好、气候适宜、交通方便，水源和土质条件符合国家相关标准。

一、气候条件

在适宜温度范围，斑点叉尾鮰摄食量、生长速度随生活环境温度的升高而加快，养殖周期缩短。因此，养殖场建设选址时要向气象部门了解当地全年平均气温、最高和最低气温、日照时数、降水量等气候状况。规划建设养殖场时还应考虑洪涝、台风等灾害因素的影响，在设计养殖场进排水渠道、池塘塘埂、房屋等建筑物时应注意考虑排涝、防风等问题。北方地区在规划建设水产养殖场时，需要考虑寒冷、冰雪等对养殖设施的破坏，在建设渠道、护坡、路基等时应考虑防寒措施。南方地区在规划建设养殖场时，要考虑夏季高温气候对养殖设施的影响。

二、厂址选择

水产健康养殖场应选择在取水上游3千米范围内无工矿企业、无污染源、生态环境良好的区域内。

三、水源

新建池塘养殖场要充分考虑养殖用水的水源、水质条件。水源分为地面水源和地下水源(图 4 – 1 和图 4 – 2),无论是采用哪种水源,一般应选择在水量丰足、水质良好的地区建场,要求符合 GB 3838《地表水环境质量标准(三类)》和 GB 11607《渔业水质标准》。水源包括江河、溪流、湖泊、地下水等,且水源充足,水质良好、排灌方便、不受旱、涝影响,同时还需远离洪水泛滥地区和污染源。同时养殖用水的理化因子,如氨氮、溶氧、硫化物、pH 等各项水质指标均要满足斑点叉尾鮰生长发育的需求。养殖场的规模和养殖品种要结合水源情况来决定。采用河水或水库水作为养殖水源,要考虑设置防止野生鱼类进入的设施,以及周边水环境污染可能带来的影响。使用地下水作为水源时,要考虑供水量是否满足养殖需求,一般要求在 10 天左右能够把池塘注满。

选择养殖水源时,还应考虑工程施工等方面的问题,利用河流作为水源时需要考虑是否筑坝拦水,利用山溪水流时要考虑是否建造沉沙排淤等设施。养殖场的取水口应建到上游部位,排水口建在下游部位,防止养殖场排放水流入进水口。

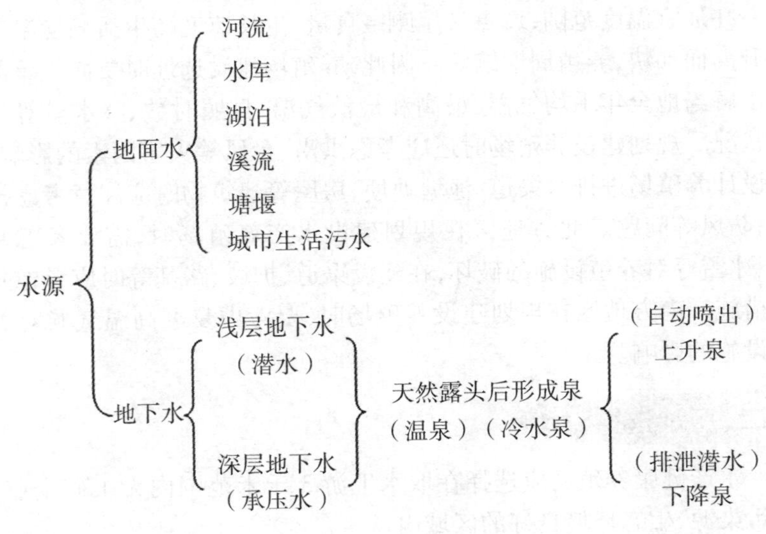

图 4 – 1　水源分类

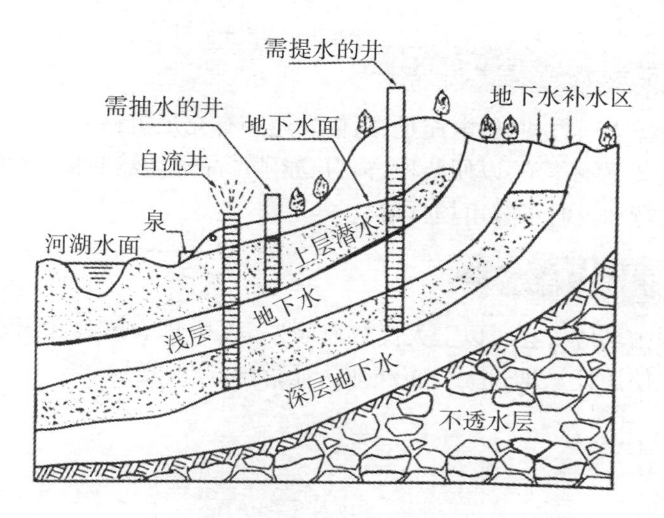

图 4－2　地面水源和地下水源

四、土质

池塘土壤要求保水力强，最好选择黏质土或壤土、沙壤土的场地建设池塘，这些土壤建塘不易透水渗漏，筑基后也不易坍塌。沙质土或含腐殖质较多的土壤，保水力差，做池埂时容易渗漏、崩塌，不宜建塘。含铁质过多的赤褐色土壤，浸水后会不断释放出赤色浸出物，对斑点叉尾鮰生长不利，也不适宜建设池塘。pH 低于 5 或高于 9.5 的土壤地区不适宜挖塘。养殖池选址时，土壤的土质、透水性、有毒有害物质等成分指标均需采样送往具有相应检测资质的检测部门进行分析，而有关土壤种类的判定可用肉眼观察和手触摸的方式进行初步判定。规划建设养殖场时，要充分调查了解当地的土壤、土质状况，不同的土壤和土质对养殖场的建设成本和养殖效果影响很大。

五、周边环境

斑点叉尾鮰养殖场应选择安静、阳光充足的区域建场，避开公路、喧闹的场所、噪声较大厂区及风道口。周围无畜禽养殖场、医院、化工厂、垃圾场等污染源，具有与外界环境隔离的设施，内部环境卫生良好，环境空气质量符合要求。

六、交通设施及能源

选择交通方便、供电充足、通信发达和有充足饵料来源的区域进行斑点叉尾鮰养殖，以便苗种、饲料、养殖产品等运输通畅，保证生产正常进行和及时了解市场行情。

七、资质条件

养殖场应有县级以上人民政府颁发的《中华人民共和国水域滩涂养殖使用证》，通过无公害产地认证，符合产业规划。

第二节　养殖场规划与布局

斑点叉尾鮰养殖场应本着"以渔为主，合理利用"的原则来规划和布局，养殖场的规划建设既要考虑近期需要，又要考虑到长远发展。

一、场地布局

养殖场的规划与布局需因地制宜地从自然资源、地理环境、经济效益等方面综合考虑，突显养殖场的生态性、无公害性和经济性。在建养殖场时，可讲求实用性，就地取材，减少建设成本。在设计养殖池的形状、走向、面积大小、水深等各方面的环境条件时，要考虑斑点叉尾鮰的生活习性需求，根据养殖模式、疫病防控和便于管理的原则，提高水体的生产力，创造较好的生态效益、经济效益和社会效益。做到基础设施、养殖生产、水质调控系统、质量安全管理等一体化，对养殖场投资规模和经营内容进行合理布局。

斑点叉尾鮰养殖场的布局结构，一般分为池塘养殖区、办公生活区、水处理区等。养殖场的池塘布局一般由场地地形所决定，狭长形场地内的池塘排列一般为"非"字形。地势平坦场区的池塘排列一般采用"回"字形布局。

二、养殖区建设

1. 池塘

池塘是养殖场的主体部分。按照养殖功能分,有亲鱼池、鱼苗池、鱼种池和成鱼池等。池塘面积一般占养殖场面积的65%~75%。各类池塘所占的比例一般按照养殖模式、养殖特点、品种等来确定。

(1)形状、朝向　池塘形状主要取决于地形、品种等要求。一般为长方形,也有圆形、正方形、多角形的池塘。长方形池塘的长、宽比一般为(2~4):1。长、宽比大的池塘水流状态较好,管理操作方便;长、宽比小的池塘,池内水流状态较差,存在较大死角和死区,不利于养殖生产。池塘的朝向应结合场地的地形、水文、风向等因素,尽量使池面充分接受阳光照射,满足水中天然饵料的生长需要。池塘朝向也要考虑是否有利于风力搅动水面,增加溶氧。在山区建造养殖场,应根据地形选择背山向阳的位置。

(2)面积、深度　池塘的面积取决于养殖模式、品种、池塘类型、结构等(表4-1)。面积较大的池塘建设成本低,但不利于生产操作,进、排水也不方便。面积较小的池塘建设成本高,便于操作,但水面小,风力增氧、水层交换差。大宗鱼类养殖池塘按养殖功能不同,其面积不同。在南方地区,成鱼池一般5~15亩,鱼种池一般2~5亩,鱼苗池一般1~2亩;在北方地区养鱼池的面积有所增加。池塘水深是指池底至水面的垂直距离,池深是指池底至池堤顶的垂直距离。养鱼池塘有效水深不低于1.5米,一般成鱼池的深度在2.5~3.0米,鱼种池在2.0~2.5米,北方越冬池塘的水深应达到2.5米以上。池埂顶面一般要高出池中水面0.5米左右。水源季节性变化较大的地区,在设计建造池塘时应适当考虑加深池塘,保证水源缺水时池塘有足够水量。深水池塘一般是指水深超过3.0米以上的池塘,深水池塘可以增加单位面积的产量,节约土地,但需要解决水层交换、增氧等问题。

第四章

表4-1　不同类型池塘规格参考表

类型	面积(亩)	池深(米)	长:宽	备注
鱼苗池	1~2	1.5~2.0	2:1	可兼作鱼种池
鱼种池	2~5	2.0~2.5	(2~3):1	
成鱼池	5~15	2.5~3.5	(3~4):1	
亲鱼池	3~6	2.5~3.5	(2~3):1	应靠近产卵池
越冬池	2~10	3.0~4.0	(2~4):1	应靠近水源

(3)池埂　池埂是池塘的轮廓基础,池埂结构对于维持池塘的形状、方便生产以及提高养殖效果等有很大的影响。池塘塘埂一般用匀质土筑成,埂顶的宽度应满足拉网、交通等需要,一般在1.5~4.5米。池埂的坡度大小取决于池塘土质、池深、护坡与否和养殖方式等。一般池塘的坡比为1:(1.5~3),若池塘的土质是重壤土或黏土,可根据土质状况及护坡工艺适当调整坡比,池塘较浅时坡比可以为1:(1~1.5),如图4-3所示为池塘坡比示意图。

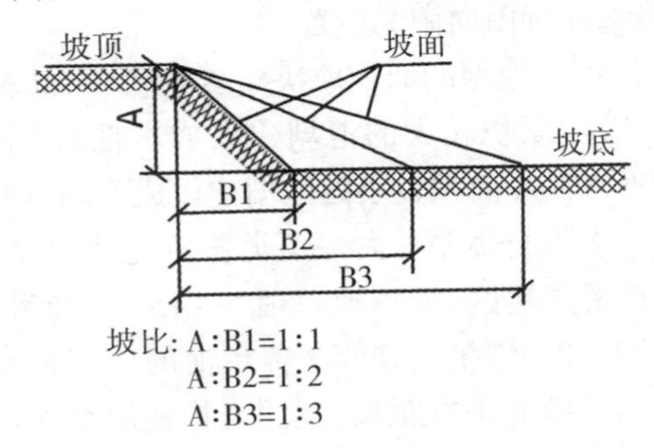

图4-3　池塘坡比示意图

(4)护坡　护坡具有保护池形结构和塘埂的作用,但也会影响到池塘的自净能力。一般根据池塘条件不同,池塘进、排水等易受水流冲击的部位应采取护坡措施,常用的护坡材料有水泥预制板、混凝土、防渗膜等。采用水泥预制板、混凝土护坡的厚度应不低于5厘米,防渗膜或石砌坝应铺设到池底。

1)水泥预制板护坡　水泥预制板护坡是一种常见的池塘护坡方式,如图4-4。护坡水泥预制板的厚度一般为5~15厘米,长度根据护坡断面的长度决定。较薄的预制板一般为实心结构,5厘米以上的预制板一般采用楼板方式制作。水泥预制板护坡需要在池底下部30厘米左右建一条混凝土圈梁，以固定水泥预制板，顶部要用混凝土砌一条宽40厘米左右的护坡压顶。水泥预制板护坡的优点是施工简单、整齐美观、经久耐用，缺点是破坏了池塘的自净能力。一些地方采取水泥预制板植入式护坡，即水泥预制板护坡建好后把池塘底部的土翻盖在水泥预制板下部，这种护坡方式即有利于池塘固形，又有利于维持池塘的自净能力。

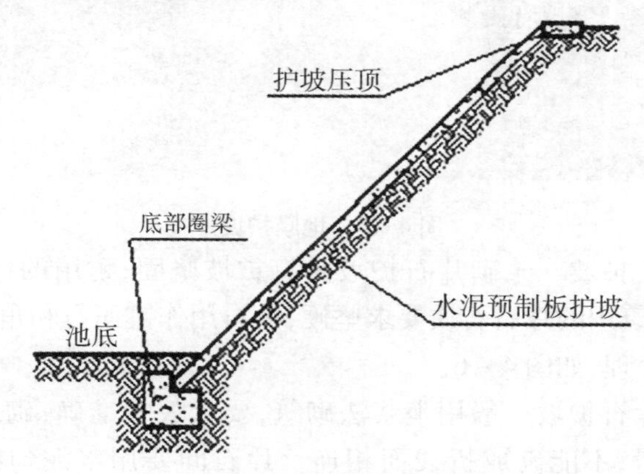

图4－4　水泥预制板护坡示意图

2）混凝土护坡　混凝土护坡是用混凝土现浇护坡的方式，具有施工质量高、防裂性能好的特点。采用混凝土护坡时，需要对塘埂坡面基础进行整平、夯实处理。混凝土现浇护坡一般用素混凝土，也有用钢筋混凝土形式。混凝土护坡的坡面厚度一般为5～8厘米。无论用哪种混凝土方式护坡都需要在一定距离设置伸缩缝，以防止水泥膨胀。

3）地膜护坡　一般采用高密度聚乙烯塑胶地膜或复合土工膜护坡（图4－5）。高密度聚乙烯膜具抗拉伸、抗冲击、抗撕裂、强度高和耐静水压高的特点，在耐酸碱腐蚀、抗微生物侵蚀及防渗滤方面也有较好性能，且表面光滑，有利于消毒、清淤和防止底部病原体的传播。高密度聚乙烯膜护坡既可覆盖整个池底，也可以周边护坡。复合土工膜进行护坡具有施工简单、质量可靠、节省投资的优点。复合土工膜属非孔隙介质，具有良好的防渗性能和抗拉、抗撕裂、抗顶破、抗穿刺等力学性能，还具有一定的变形量，对坡面的凹凸具有一定的适应能力，应变力较强，与土体接触面上的孔隙压力及浮托力易于消散，能满足护坡结构的力学设计要求。复合土工膜还具有很好的耐化学性和抗老化性能，可满足护坡耐久性要求。

图 4－5　地膜护坡

4）砖石护坡　浆砌片石护坡具有护坡坚固、耐用的优点，但施工复杂，砌筑用的片石石质要求坚硬，片石用作镶面石和角隅石时还需要加工处理，如图 4－6。

浆砌片石护坡一般用坐浆法砌筑，要求放线准确，砌筑曲面做到曲面圆滑，不能砌成折线面相连。片石间要用水泥勾缝成凹缝状，勾出的缝面要平整光滑、密实，施工中要保证缝条的宽度一致，严格控制勾缝时间，不得在低温下进行，勾缝后加强养护，防止局部脱落。

图 4－6　砖石护坡

（5）池底　池塘底部要平坦，为了方便池塘排水、水体交换和捕鱼，池底应有相应的坡度，并开挖相应的排水沟和集池坑。池塘底部的坡度一般为1:（200～500）。在池塘宽度方向，应使两侧向池中心倾斜。面积较大且长、宽比较小的池塘，底部应建设主沟和支沟组成的排水沟（图4－7）。主沟最小纵向坡度为1:1 000，支沟最小纵向坡度为1:200。相邻的支沟相距一般为10～50米，主沟宽一般为0.5～1.0米，深0.3～0.8米。面积较大的池塘可按照“回”形鱼池建设，池塘底部建设有台地和沟槽（图4－8）。台地及沟槽应平整，台面应倾斜于沟，坡降为1:（1 000～2 000），沟、台面积比一般为1:（4～5），沟深一般为0.2～0.5米。在较大的长方形池塘内坡上，为了投饵和拉网方便，一般应修建一条宽度约0.5米的平台（图4－9），平台应高出水面。

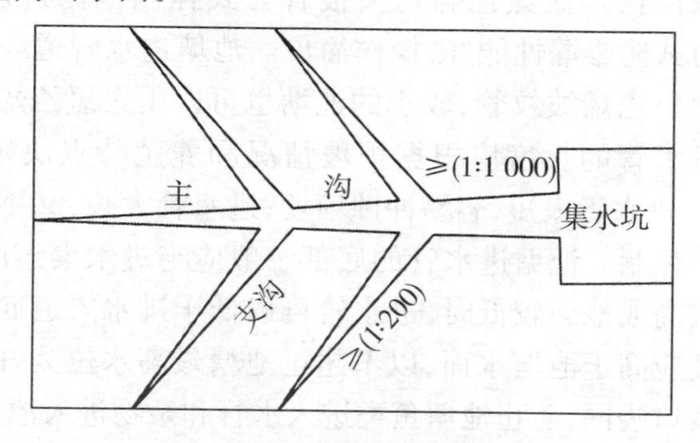

图4－7　池塘底部沟、坑示意图

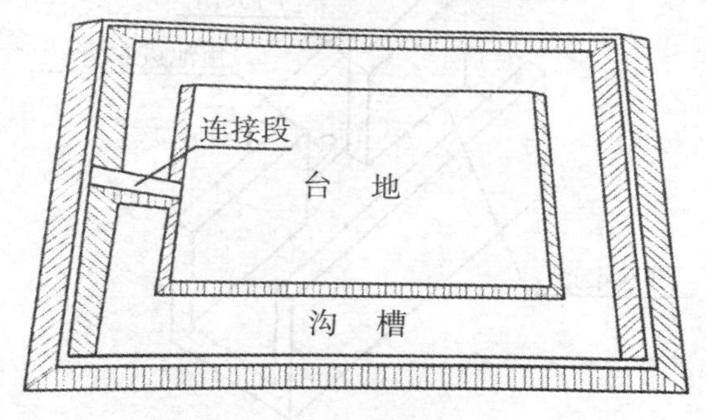

图4－8　“回”形鱼池示意图

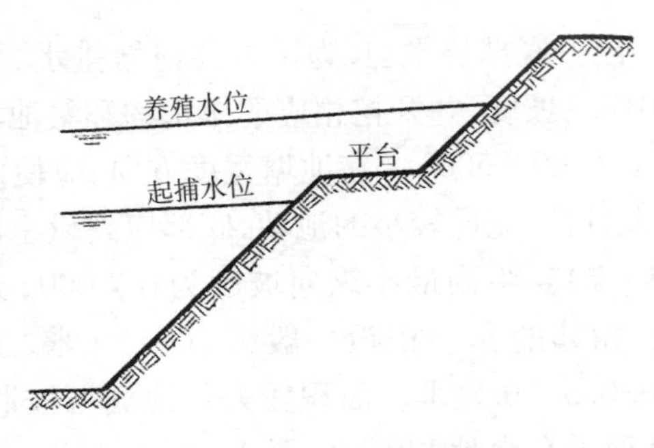

图 4－9　鱼池平台示意图

(6)进、排水设施

1)进水闸门、管道　池塘进水一般是通过分水闸门控制水流通过输水管道进入池塘,分水闸门一般为凹槽插板的方式(图 4－10),很多地方采用预埋聚氯乙烯弯头拔管方式控制池塘进水(图 4－11),这种方式防渗漏性能好,操作简单。池塘进水管道一般用水泥预制管或聚氯乙烯波纹管,较小的池塘也可以用聚氯乙烯管或陶瓷管。池塘进水管的长度应根据护坡情况和养殖特点决定,一般在 0.5～3 米。进水管太短,容易冲蚀塘埂;进水管太长,又不利于生产操作和成本控制。池塘进水管的底部一般应与进水渠道底部平齐,渠道底部较高或池塘较低时,进水管可以低于进水渠道底部。进水管中心高度应高于池塘水面,以不超过池塘最高水位为好。进水管末端应安装口袋网,防止池塘鱼类进入水管和杂物进入池塘。

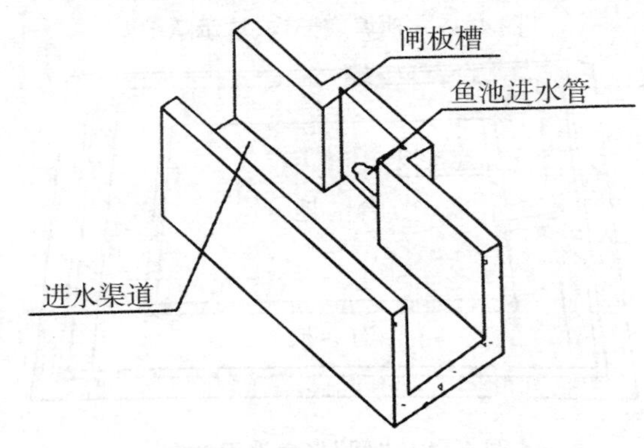

图 4－10　插板式进水闸门示意图

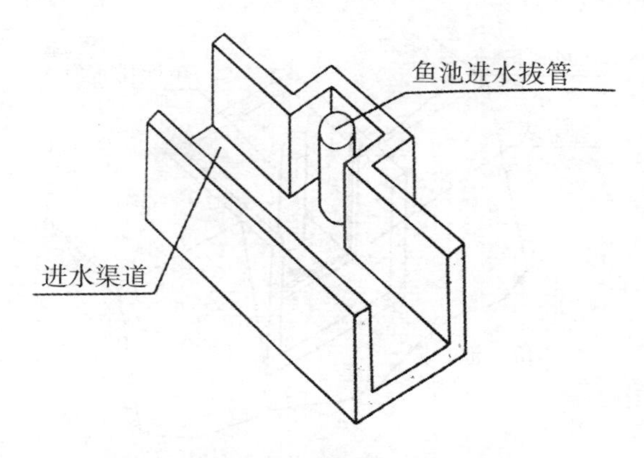

图 4－11　拔管式进水闸门示意图

2）排水井、闸门　每个池塘一般设有一个排水井。排水井采用闸板控制水流排放，也可采用闸门或拔管方式进行控制。拔管排水方式易操作，防渗漏效果好。排水井一般为水泥砖砌结构，有拦网、闸板等凹槽（图 4－12 和图 4－13）。池塘排水通过排水井和排水管进入排水渠，若干排水渠汇集到排水总渠，排水总渠的末端应建设排水闸。排水井的深度一般应到池塘的底部，可排干池塘全部水为好。有的地区由于外部水位较高或建设成本等问题，排水井建在池塘的中间部位，只排放池塘 50% 左右的水，其余的水需要靠动力提升，排水井的深度一般不应高于池塘中间部位。

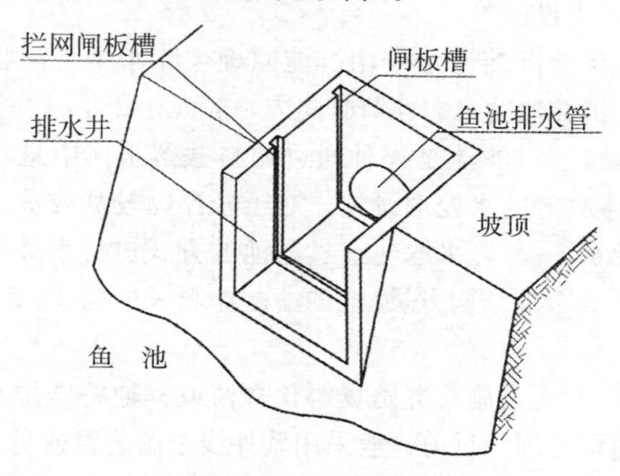

图 4－12　插板式排水井示意图

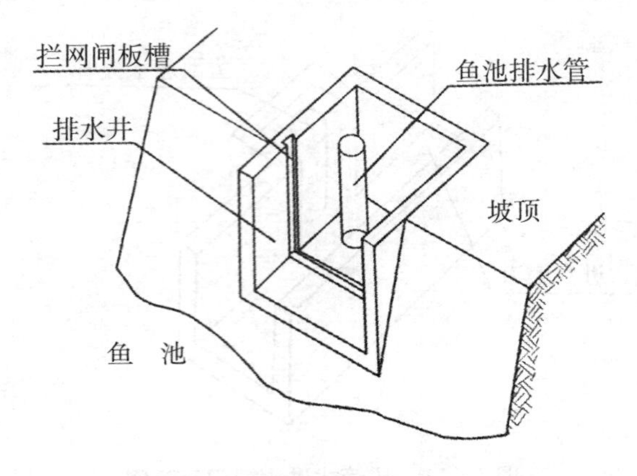

图 4－13　拔管式排水井示意图

2. 水处理设施

斑点叉尾鮰养殖场的水处理包括源水处理、养殖排放水处理、池塘水处理等方面。养殖用水和池塘水质的好坏直接关系到养殖的成败，养殖排放水必须经过净化处理达标后，才可以排放到外界环境中。

（1）源水处理设施　斑点叉尾鮰养殖场在选址时应首先选择有良好水源水质的地区，如果水源水质存在问题或阶段性不能满足养殖需要，应考虑建设源水处理设施。源水处理设施一般有沉淀池、过滤池、杀菌消毒设施等。

1）沉淀池　沉淀池是应用沉淀原理去除水中悬浮物的一种水处理设施。沉淀池的水力停留时间应一般大于 2 小时。

2）过滤池　过滤池是一种通过滤料截留水体中悬浮固体和部分细菌、微生物等的水处理设施。对于悬浮物较高或藻类寄生虫较多的养殖源水，一般可采取建造过滤池的方式进行水处理。过滤池一般有 2 节或 4 节结构，过滤池的滤层滤料一般为 3～5 层，最上层为细沙。

3）杀菌、消毒设施　养殖场孵化育苗或其他特殊用水需要进行源水杀菌消毒处理。目前一般采用紫外线杀菌装置或臭氧消毒杀菌装置，或臭氧－紫外线复合杀菌消毒等处理设施。杀菌消毒设施的大小取决于水质状况和处理量。紫外线杀菌装置是利用紫外线杀灭水体中细菌的一种设备和设施，常用的有浸没式、过流式等。浸没式紫外线杀菌装置结构简单，使用较多，其紫外线杀菌灯直接放在水中，即可用于流动的动态水，也可用于静态水。臭氧是一种极强的杀菌剂，具有强氧化能力，能够迅速广泛地杀灭水体中的多种微生物和致病菌。臭氧杀菌消毒设施一般由臭氧发生机、臭氧释放装置等组成。淡水养殖中臭氧杀菌的剂量一般为每立方水体 1～2 克，臭氧浓度为 0.1～0.3 毫克/升，处理时间一般为 5～10 分。在臭氧杀菌设施之后，应设置曝气调节池，去除水中残余的臭氧，以确保进入鱼池水中的臭氧低于 0.003 毫克/升的安全浓度。

（2）排放水处理设施　养殖过程中产生的富营养物质主要通过排放水进入到外界环境中，已成为主要的水源污染之一。对养殖排放水进行处理回用或达标排放是池塘养殖生产必须解决的重要问题。目前养殖排放水的处理一般采用生态化处理方式，也有采用生化、物理、化学等方式进行综合处理的案例。养殖排放水生态化处理，主要是利用生态净化设施处理排放水体中的富营养物质，并将水体中的富营养物质转化为可利用的产品，实现循环经济和水体净化。养殖排放水生态化水处理技术有良好的应用前景，但许多技术环节尚待研究解决。

1）生态沟渠　生态沟渠是利用养殖场的进、排水渠道构建的一种生态净化系统，由多种动植物组成，具有净化水体和生产功能。生态沟渠的生物布置方式一般是在渠道底部种植沉水植物、放置贝类等，在渠道周边种植挺水植物，在开阔水面放置生物浮床、种植浮水植物，在水体中放养滤食性、杂食性水生动物，在渠壁和浅水区增殖着生藻类等。有的生态沟渠是利用生化措施进行水体净化处理。这种沟渠主要是在沟渠内布置生物填料如立体生物填料、人工水草、生物刷等，利用这些生物载体附着细菌，对养殖水体进行净化处理。

2）人工湿地　人工湿地是模拟自然湿地的人工生态系统，它类似自然沼泽地，但由人工建造和控制，是一种人为地将石、沙、土壤、煤渣等一种或几种介质按一定比例构成基质，并有选择性地植入植物的水处理生态系统。人工湿地的主要组成部分为：人工基质、水生植物、微生物。人工湿地对水体的净化效果是基质、水生植物和微生物共同作用的结果。人工湿地按水体在其中的流动方式,可分为两种类型:表面流人工湿地和潜流型人工湿地。人工湿地水体净化包含了物理、化学、生物等净化过程。当富营养化水流过人工湿地时,沙石、土壤具有物理过滤功能,可以对水体中的悬浮物进行截流过滤;沙石、土壤又是细菌的载体,可以对水体中的营养盐进行消化吸收分解;湿地植物可以吸收水体中的营养盐,其根际微生态环境,也可以使水质得到净化。利用人工湿地构筑循环水池塘养殖系统,可以实现节水、循环、高效的养殖目的。

3)生态净化塘　生态净化塘是一种利用多种生物进行水体净化处理的池塘。塘内一般种植水生植物,以吸收净化水体中的氮、磷等营养盐;通过放置滤食性鱼、贝等吸收养水体中的碎屑、有机物等。生态净化塘的构建要结合养殖场的布局和排放水情况,尽量利用废塘和闲散地建设。生态净化塘的动植物配置要有一定的比例,要符合生态结构原理要求。生态净化塘的建设、管理、维护等成本比人工湿地要低。

(3)池塘水体净化设施　池塘水体净化设施是利用池塘的自然条件和辅助设施构建的原位水体净化设施。主要有生物浮床、生态坡、水层交换设备、藻类调控设施等。

1)生物浮床　生物浮床净化是利用水生植物或改良的陆生植物,以浮床作为载体,种植在池塘水面,通过植物根系的吸收、吸附作用和物种竞争相克机制,消减水体中的氮、磷等有机物质,并为多种生物繁衍生息提供条件,重建并恢复水生态系统,从而改善水环境。生物浮床有多种形式,构架材料也有很多种。在池塘养殖方面应用生物浮床,须注意浮床植物的选择、浮床的形式、维护措施、配比等问题。

2)生态坡　生态坡是利用池塘边坡和堤埂修建的水体净化设施。一般是利用沙石、绿化砖、植被网等固着物铺设在池塘边坡上,并在其上栽种植物,利用水泵和布水管线将池塘底部的水提升并均匀地布撒到生态坡上,通过生态坡的渗滤作用和植物吸收截流作用去除养殖水体中的氮、磷等营养物质,达到净化水体的目的。

3)水层交换设备　在池塘养殖中,由于水的透明度有限,一般1

米以下的水层中光照较暗，温度降低，光合作用很弱，溶氧较少，底层存在着氧债，若不及时处理，会给夜间池塘养殖鱼类造成危害。水层交换主要是利用机械搅拌、水流交换等方式，打破池塘光合作用形成的水分层现象，充分利用白天池塘上层水体光合作用产生的氧，来弥补底层水的耗氧需求，实现池塘水体的溶氧平衡。水层交换机械主要有增氧机、水力搅拌机、射流泵等。

3. 道路

根据养殖规模和运输需要，路宽可 2 ~ 4 米，主干道应不窄于 4 米。道路两旁配置相应的绿化及必要的照明设施，改善环境，保证生产安全。

第三节　养殖场配套设施建设

一、进、排水系统

养殖场的进、排水系统是养殖场的重要组成部分，其好坏直接影响到养殖场的生产效果。进、排水渠道一般利用场地沟渠建设而成，在规划建设时应做到进、排水渠道独立，严禁进、排水交叉污染，防止疾病传播。设计进、排水系统还应充分考虑场地的具体地形条件，尽可能采取一级动力取水或排水，合理利用地势条件设计进、排水自流形式，降低养殖成本。养殖场的进、排水渠道一般应与池塘交替排列，池塘的一侧进水另一侧排水，使得新水在池塘内有较长的流动混合时间。

1. 泵站、自流进水

水源水需动力提水供应的养殖场，需建设泵站，泵站大小取决于装配泵的台数。根据养殖场规模和取水条件选择水泵类型和配备台数，并装备一定比例的备用泵。低洼地区或山区养殖场，可利用地势条件设计水自流进池塘。如果外源水量变化较大，应考虑安装备用输水动力，在外源水量较少或缺乏时，作为池塘补充提水需要。自流进水渠道一般采用明渠方式，根据水位高程变化选择进水渠道截面大小和渠道坡降，自流进水渠道的截面积一般比动力输水渠道要大一些。

2. 进水渠道

进水渠道分为进水总渠、干渠和支渠等，总渠承担整个养殖场的供水，干渠分管一个养殖片区的供水，支渠分管几口池塘的供水。各类进水渠道的大小应根据池塘用水量、地形条件等进行设计，必须满足水流量要求，做到水流畅通，容易清洗，便于维护。渠道过大会造成浪费，过小会出现溢水冲损等现象。

按照建筑材料不同，进水渠道分为土渠、石渠、水泥板护面渠道、预制拼接渠道、水泥现浇渠道等。按照渠道结构可分为明渠、暗渠等。明渠结构具有设计简单、便于施工、使用维护方便、不易堵塞的优点，缺点是占地较多、杂物易进入等。明渠断面一般有三角形、半圆形、矩形和梯形 4 种形式，一般采用水泥预制板护面或水泥浇筑，也有用水泥预制槽拼接或水泥砖砌结构，还有沥青、块石、石灰、三合土等护面形式，建设时可根据当地的土壤情况、工程要求、材料来源等灵活选用。渠道水流速度一般采取不冲、不淤流速，进水渠的四周高度应在 60% ~80%，进水渠的安全超高一般在 0. 2 ~0. 3 米。进水渠需要满足的流量计算方法如下：流量（立方米/时）= 池塘总面积（立方米）× 平均水深（米）/计划注水时数（小时）。

进水渠道也可用暗管或暗渠结构。暗管有水泥管、陶瓷管和聚氯乙烯管等；暗渠结构一般为混凝土或砖砌结构，截面形状有半圆形、圆形、梯形等。铺设暗管、暗渠时，一定要做好基础处理，一般是铺设 10 厘米左右的碎石作为垫层。寒冷地区的暗管应埋在不冻土层，以免结冰冻坏。为防止暗渠堵塞，便于检查和维修，暗渠一般每隔 50 米左右设置一个竖井，其深度要稍深于渠底。

3. 分水井

分水井又叫集水井，设在鱼塘之间，是干渠或支渠上的连接结构，一般用水泥浇筑或砖砌。分水井一般采用闸板或预埋聚氯乙烯拔管方式控制水流，后者结构简单，防渗漏效果较好。

4. 排水渠道

水产养殖场排水渠道的大小、深浅要结合养殖场的池塘面积和地形特点、水位高程等设计，做到不积水、不冲蚀、排水通畅。建设原则是:线路短、工程量小、造价低、水面漂浮物及有害生物不易进渠、施工容易等。

二、增氧设备

溶氧是水产养殖的限制性因子。养殖过程中，一般放养密度较大，对水体溶氧要求较高。因此，根据养殖规模和水产饲料特性，应配备足够数量的增氧设施。斑点叉尾鮰池塘养殖密度较高，适时增氧能改善水质、减少病害发生。增氧机能将溶氧饱和的表层水翻滚到底层，将底层水翻滚到表层，使底层水中的有毒有害物质分解，厌氧菌的生长受到抑制，溶氧增加，从而提高池水的溶氧，改善水质。一般 5 ~6 亩配备 2 台增氧设备即可满足需要。

三、仓库

存放饲料的仓库应保持清洁干燥，通风良好。饲料必须来自经检验检疫机构备案的饲料加工厂，饲料质量符合 GB 13078《饲料卫生标准》和 NY 5072《无公害食品　渔用配合饲料安全限量》的各项要求。配备药品专用仓库，用于渔药的保管和配制。

四、实验室

配套实验室 2 ~3 间，配备显微镜、解剖镜、多功能水质分析仪、pH 计、高压灭菌锅、培养箱、无菌操作台等相关仪器、设备，进行养殖水质常规分析和鱼病检测。

五、档案室

生产管理档案室，用于保存相关的生产和技术档案资料，档案室面积 12 ~15 米^2，并配备必要的档案柜、干湿度计和吸湿机等设备。

六、值班室

设立值班室，供值班人员专用，值班室面积 10 ~ 15 米^2。

七、电力配置

必须保证养殖场正常生产所需用电，电力设施为 380 伏，配备独立的变电、配电房，确保线路安全可靠。

八、环境保护

所有养殖业副产品、生产生活垃圾应分类收集，并进行无害化处理。每个养殖场应建设一个面积为 5 ~ 10 米^2 大小的发酵池，发酵和循环利用有机垃圾。对养殖过程产生的水生动物尸体收集、消毒、实施无害化处理。

第四节 养殖场管理体系

一、管理制度

建立健全生产管理、财务管理、人事管理、值班管理、渔药与饲料保管、安全生产和应急管理等规章制度，明确岗位职责。

二、工作人员

养殖场主要负责人应具有 4 年以上水产养殖及管理的经验，并持有渔业行业职业技能培训中级证书；配备 2 ~3 名水产养殖质量管理员、2 ~ 3 名持有渔业行业职业技能培训初级证书的检测人员，主要负责检测和病害防治实验室工作；根据需要配备养殖工人。

三、安全生产制度

安全生产制度包括人员安全、设施安全、环境安全、生产安全和产品质量安全。水产养殖应符合相关要求;配合饲料的安全卫生指标应符合相关规定,鲜活饲料应新鲜、无腐烂、无污染;药物选用应按照中华人民共和国农业部公告第193号的规定执行。

第五章 斑点叉尾鮰的人工繁殖

斑点叉尾鮰自引进以后,经过连续多代的人工繁殖,养殖性状有所退化,主要表现为抗病力下降、生长缓慢和规格变小等现象,高密度集约化养殖时易发生大规模病害和死亡。其根本原因是亲本群体数量小,更新周期长,近亲繁殖(近交)。因此,要充分根据斑点叉尾鮰的生物学特性加强人工繁殖工作。

第一节　斑点叉尾鮰的繁殖生物学

一、性腺成熟系数与怀卵量

斑点叉尾鮰的繁殖力偏低，繁殖季节，尾重2 000～3 500克的雌鱼，相对怀卵量为4 750～8 500粒/千克。在解剖的100尾亲鱼中，性腺发育处于第Ⅱ期、第Ⅲ期、第Ⅳ期初、第Ⅳ期中至第Ⅳ期末的分别占解剖群体总数的6%、32%、23%和39%，而实际产卵量仅为3 194粒/千克，且同一批亲鱼的性腺发育速率差异较大，即存在明显的不同步性，造成其自然繁殖期较长（2～3个月），人工催产的产卵率较低。

二、繁殖情况及环境条件

斑点叉尾鮰的性成熟年龄为3～4龄，产卵水温为20～30℃，最适温度为26℃，水温超过30℃则不利于受精卵的胚胎发育和鱼苗成活。在自然条件下，斑点叉尾鮰在江河、湖泊、水库和池塘中均能产卵，卵一般产于岩石突出物之下，或者产于树木、树桩、树根之下，或者产于河道的洞穴里。

三、自然产卵性比

斑点叉尾鮰在自然状态下雌、雄比为1:1.1。

四、自然产卵与孵化

在水温24～28℃下，斑点叉尾鮰受精卵的胚胎发育时序为：28～40小时心脏开始搏动；100～110小时眼点出现；170～180小时仔鱼出膜。刚孵出的仔鱼带有较大的卵黄囊，静卧水底且成一团。经2～3天发育，卵黄囊消失，体色由粉红变为黑褐色，仔鱼开始正常游动、摄食。由受精卵发育到能正常游动的鱼苗需10天左右。

第二节 斑点叉尾鮰的全人工繁殖

一、繁殖季节及繁殖行为

斑点叉尾鮰产卵季节为每年的5~8月,属一次性产卵类型。气温较高地区的产卵季节要稍早些,如长江流域斑点叉尾鮰的产卵季节为6~7月,体重(或年龄)较大的比体重(或年龄)较小的个体的产卵季节要早些。产卵时,亲鱼通常以尾鳍包裹对方头部,雄鱼剧烈颤动躯体并排出精液,与此同时,雌鱼开始产卵。性成熟的卵细胞呈椭圆形,深橘黄色,卵受精后发黏,相互黏结成块并附于水体底部。受精卵黏性较强,卵膜较厚,卵半透明,卵黄丰富,为沉性卵。未吸水膨胀卵的直径为3.5~4.0毫米。斑点叉尾鮰雌鱼为一次性产卵,而雄鱼则可多次排精。

二、鱼巢的建造

选用高60~70厘米、直径30~40厘米的塑料桶制作产卵巢,在塑料桶的底部开一个口作为进出口,用尼龙网布将塑料桶原口封上即可。也可用白铁皮制作,铁皮的厚度为1毫米,产卵巢的形状为圆柱形或长方形,长70~75厘米,宽40~45厘米,前端设一口径为15~20厘米的进出口,后端用尼龙纱网封底。

三、亲鱼的雌、雄比例

亲鱼的选择标准为:4龄以上(体重2千克、体长35厘米以上),雌、雄配比为3:2或1:1。

四、产卵与孵化

1. 产卵巢

产卵巢一般设置在池塘的四周，离池边 3 ~ 5 米，平放于池底，开口一端面向池中央，便于亲鱼寻找。产卵巢的口端用绳子捆住，绳子的一端系一个塑料浮子，浮于水面，以便收集卵块和检查时识别。产卵巢的放置数量根据池塘中亲鱼的总数而定，占配组亲鱼数的 25% 左右。产卵巢的间距为 5 ~ 6 米。一般在水温达到 18 ~ 19℃时放置产卵巢，水温上升到 20℃以上时进行检查。检查时须将产卵巢轻轻提出水面，观察巢内是否有亲鱼或卵块。如有亲鱼在巢内，将开口端向下倾斜使产卵巢沉入水中，赶走亲鱼。如有受精卵块，可轻轻地用手取出，再将产卵巢放回池底。鱼卵一般用桶带水加盖运输，只要水能浸过卵块即可。运输用水应从产卵池中抽取，温差不能超过 4℃。鱼卵的运输时间不能太长，否则易缺氧窒息死亡。产卵巢每天检查一次。收集卵块时要尽量避免阳光直射，以免受精卵被杀死。

2. 孵化槽

常用的孵化设备有孵化槽、孵化环道、孵化池等。

有研究者参照国外经验，自行设计专用孵化槽（图 5 – 1 和表 5 – 1）槽长 2 米，宽 60 厘米，深 30 厘米，支架高 70 厘米。采用水车式搅水，转轴上有螺旋式叶片，转速每分 28 ~ 30 转，叶片转动槽内水体产生波动，以增加氧气，并使卵块轻微漂浮和推动水中的有机物外排，以免卵块缺氧，同时不断从进水阀以每分 10 升左右的流速加注新水。孵化篓采用 12 目左右的镀锌网或铝丝网制作。孵化时悬挂于槽内水中，每只孵化篓能容纳1 500克左右的卵块。鱼卵进入槽前，需要按照表 5 – 2 所列消毒液内消毒。在孵化过程中，浇水器要不停地转动，如遇停电需及时用备用发电机发电，如没有备用发电机则需要人工或用充气泵充气，停转时间过久就会产生缺氧，使鱼卵窒息。

该孵化槽体积小，可放入室内孵化而不受气候变化的影响，鱼苗出槽方便，可以随时出槽。孵化槽操作简单，管理方便，能及时观察鱼苗的发育状况，且孵化率高，适合于生产规模块状卵孵化使用，美国一般也采用类似的孵化设备。

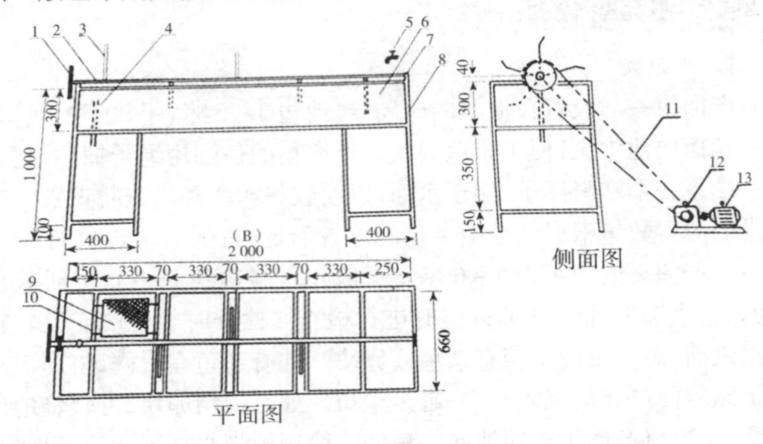

图 5-1　人工孵化槽(单位:毫米)

表 5-1　人工孵化槽配件说明(单位:毫米)

人工孵化槽		比例 1:20		
序号	名称	数量	材料	规格
1	链轮	1	45#	48 牙(自行车牙盘代)
2	搅动轴	1	45#	直径 30,长 2 100
3	搅水叶片	5	不锈钢	厚 2,宽 30,长 280
4	溢水管	1	铝或不锈钢	直径 40,长 200
5	进水阀	1	铸铁	3/4
6	水槽	1	铝或不锈钢	2 000 × 600 × 300
7	轴承座	2	铸铁	205 轴承座
8	槽架	1	角铁	焊接
9	孵卵篓	8	12 目镀锌网	250 × 250 × 150
10	悬挂支架	8	铝或不锈钢	25 × 2 × 1. 60
11	链条	1		(自行车链条代)
12	涡轮减速器	1		1:20
13	电机	1		1 千瓦,1 级

表 5－2　鱼卵消毒药物及消毒时间

药物名称	药物浓度(毫克/升)	浸洗时间(秒)
高锰酸钾	3	10～15
福尔马林	100	240～300

3. 孵化环道

我国淡水鱼孵化常用孵化环道,斑点叉尾鮰孵化也可用此孵化环道孵化鱼卵,搅水式和喷水式环道均可,但前者优于后者。因为斑点叉尾鮰苗出膜后喜欢集群沉入水底,喷水式环道底部进水冲击力太大,会使幼嫩的鱼苗受伤。孵化时将卵块放入用 12 目铁丝网做成的孵化篓中,经消毒后一起挂在环道内进行孵化(图 5－2)。孵化篓的口要高出环道水面 5～10 厘米,以免卵块受流水摇动溢出而落入环道底部。环道流速为 0.8～1 米/分,鱼苗出膜后就会穿过孵化篓的网眼而进入环道内,待鱼苗卵黄囊消失,鱼苗开食 2～3 天后即可出环。此时的鱼苗已具备自由游泳能力。由于孵化之后接着进行一段时间的暂养,所以出环后的鱼苗可直接放入鱼苗培育池中饲养。

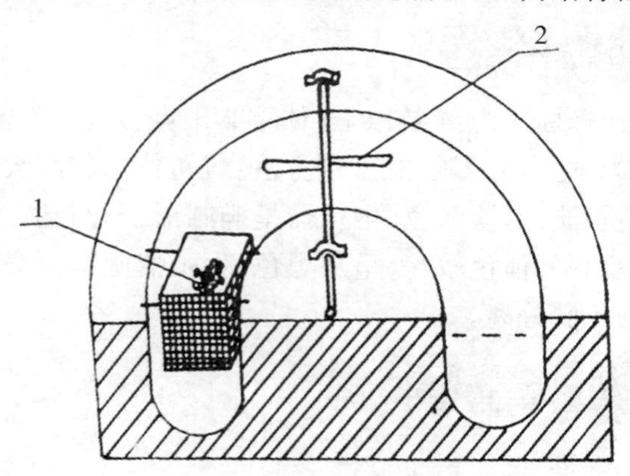

图 5－2　卵与孵化篓在环道内放置示意图

1. 孵化篓与卵　2. 搅水桨叶

4. 孵化池

一般用砖和水泥或金属板建造。孵化池规格为 200 厘米×50 厘米×40 厘米,控制水深为 35 厘米左右,有进、出水口,水从一端流入,另一端流出,并配有充气增氧设备。将卵块放在孵化篓中,挂在池内,篓口高出水面5～10厘米,池水流速20～25升/分,孵化期间水流不能间断,孵化方法与孵化槽类似。

孵化温度为20～30℃,最适孵化温度为23～28℃。孵化水体的溶氧量要求保持在6毫克/升以上,pH6.5～8.0,水质清新。在室外孵化时,孵化池上面必须用竹席或草席加盖,以满足斑点叉尾鮰鱼卵在弱光下孵化的要求。刚收集回来的受精卵块,如一块的重量超过500克,则要用刀或用手将其分成小块。卵块过大,中间的卵粒会因缺氧而死亡。若发现卵块中有白色卵粒,此为未受精卵,要及时剔除。受精卵易受细菌、霉菌的侵害。在眼点出现之前,每天上午要消毒一次。消毒方法是将药物配成溶液放入容器中,然后将孵化篓和鱼卵一起放入消毒液中浸洗。细菌病用3毫克/升的高锰酸钾溶液浸泡10～15秒,霉菌病用100毫克/升的甲醛溶液浸泡4～5分。消毒完毕,用新鲜水清洗一下,然后放回孵化池孵化。鱼苗出膜2～3天后,用软管将其虹吸出槽,转入水泥池或网箱中暂养。待鱼苗的卵黄囊消失后转入苗种池培育。

五、亲鱼的选择

亲鱼的选择标准为:4龄以上(体重2千克、体长35厘米以上),雌、雄配比3:2或1:1。雌、雄鉴别方法:雌鱼体形较胖大,腹部柔软而膨大,体色较淡,呈淡灰色,生殖器呈椭圆形,不凸起;雄鱼体形较瘦小,腹部较扁平,体色较深,呈灰黑色,生殖器肥厚而突起,呈乳头状,其末端与皮肤分离。

六、亲鱼的培育

1. 选择池塘

池塘面积以2～3亩为宜,要求靠近水源,排灌方便,保水性能好,池底平整,淤泥少或硬底,以沙质底最好。水深1.5米左右,水质良好,进、排水口装好拦鱼设施。放养前要彻底清塘消毒。

2. 放养密度

1亩放养亲鱼130～150尾(200～250千克)。为了控制池塘水质,每亩可搭配比亲鱼小或同等大小的鲢鱼、鳙鱼200尾,但忌放鲤鱼、鲫鱼。

3. 饲料及其投喂

以配合饲料为主,结合投喂部分动物性饲料。配合饲料的营养要求为:粗蛋白质含量35% ~37%,粗脂肪10%左右,粗纤维4% ~5%。水温12 ~18℃时,投饲率为1% ~2%;水温20 ~25℃时,投饲率为3% ~4%;水温26 ~30℃时,投饲率为4% ~5%。日投饲量视鱼的摄食、水质、天气情况灵活掌握,以投后30分内吃完为宜。为防止大小鱼及雌雄鱼间的争食现象,保证亲鱼顺产,要适当增加投饲范围和次数,每池设2 ~3个投饲点,日投2 ~3次。在亲鱼产卵前与产卵后1个月内,每天投喂一次鲜蚕蛹、畜禽内脏或小杂鱼虾等动物性饲料,加速亲鱼性腺的营养积累和转化,同时有利于产后亲鱼的体质恢复。

对亲鱼的培育应从秋季抓起,因为亲鱼产后体能消耗很大,极需要补偿。秋季是亲鱼大量摄取食物、积累脂肪和性腺发育所需物质的时期。在这段时间内,一定要加强饲养管理。若整个亲鱼培育阶段饲养管理不善,必将导致亲鱼体质差、性腺发育迟缓、卵子数量少、质量差。即使在冬季,晴暖时也要适当投喂饲料。如果仅仅寄希望于产前培育,待到春季时再进行强化培育,便为时过晚,效果也不好。而且春季水温逐渐升高,饲料投喂过多,水质易恶化,会影响亲鱼的性腺发育,严重时会引起亲鱼死亡。

4. 水质调节

亲鱼池的水质要求为:透明度30 ~40厘米,溶氧量4.5毫克/升以上,pH7 ~8.5,氨氮含量0.4毫克/升以下。调节水质的措施是:

(1)定期注、排水　开春后将池水换去2/3,并加注新水,以后每10天左右冲1次水,每次加水20 ~30厘米;产卵前1个月内,每3 ~5天冲1次水,每次加水5 ~10厘米;在产卵期间保持产卵池微流水,以刺激亲鱼性腺加速成熟。

(2)池塘植草,净化水质　水草种类有水浮莲、水花生等,植草面积为池塘面积的1/10左右。

(3)每15 ~20天全池泼洒一次生石灰水,用量为每亩池塘15 ~20千克;每月全池泼洒一次沸石粉,每次每亩用沸石粉100千克。

当水体中有机物增多,氨氮等有害物质含量过高时,结合使用光合细菌、爱克玛利等微生物制剂净化水质。

七、催产和催产剂

当水温稳定在22～28℃时即可进行催产,用取卵器检查卵粒时大部分卵核已偏位;雄鱼头部肌肉发达,头宽大于体宽、体色深黑、腹部较小、肛门红肿不明显。雌、雄比为3∶2或4∶3。催产药物的种类有PG、HCG、LRH－A、DOM及S－GNRH－A等,以数种药物混合使用为宜。注射液用0.7%的生理盐水配制。采取2次注射法,第一次注射总剂量的1/10～1/8,隔30～40小时后注射剩余剂量。当水温较低,亲鱼成熟度较差时,两次注射的间隔时间可延长到50～60小时。雄鱼的用药量为雌鱼的1/2～2/3,采取一次注射法,即在为雌鱼进行第二次注射时一次注射全部剂量。注射后的亲鱼放回到设置好产卵巢的产卵池中,让其自然产卵。此时产卵池要及时注水、充气或定时开动增氧机,有条件时最好保持微流水刺激,使池水溶氧保持在6毫克/升以上。

八、人工授精

人工催产授精的方法同鲤科鱼类。催产激素有鲤脑垂体、绒毛膜促性腺激素、促黄体素释放激素类似物、地欧酮等,可以单用1种,也可以2种或3种合用。激素的使用剂量根据所选用激素的种类和亲鱼的成熟程度而定,雄鱼减半,分两针注射,效应时间为40～48小时。人工授精操作较麻烦,雄鱼的精液不能挤出,必须杀死雄鱼取出精巢才能进行人工授精,雄鱼的损失较大,一般雌、雄比为2∶1。这种方法不建议在生产中采用。

九、人工孵化

斑点叉尾鮰的受精卵为沉性卵,孵化时须将孵块悬挂于水层中,并保持冲水、充气。主要孵化方法有:

1. 水箱充气孵化

水箱用铁皮或塑料制作,长1.2米、宽0.8米、高0.5米,用微型空气压缩机向箱底部充气,每箱放卵3万~4万粒,每天换水1次。该法适合于小批量育苗生产。

2. 水泥池充气孵化

水泥池长3米、宽1.5米、深0.7米,池底设有环形充气装置,每池放卵6万~8万粒,每2天左右换1次水,用空气压缩机通过池底环形管向池水充气。

3. 环道孵化

在大批量生产时,可用鲤科鱼类的孵化环道,放卵密度为20万~30万粒/米^3,将卵块放入10目左右的塑料筐内消毒后,连卵带筐挂在环道的水层中,水的流速控制在1.0~1.5米/分。孵化过程中要及时清除死卵、死苗等污物,保持水质清新。在鱼苗出膜前2天左右(眼点出现前),每天用3毫克/升的高锰酸钾溶液或100毫克/升福尔马林溶液消毒鱼卵,每次浸洗时间分别为10~15秒和4~5分。待仔鱼的卵黄囊消失,开食2~3天后,即可将其转入苗种培育池培育。

第三节　斑点叉尾鮰的半人工繁殖

一、繁殖池的建设与改造

亲鱼池一般即为产卵池,要求水源充足、排灌方便、池底平坦,淤泥少、硬底沙底最好。一般要求亲鱼池的面积在2~3亩,底部平坦、淤泥少、硬底或沙底;池深在2米、水深在1.5米左右;水源充足,无污染,水质良好,注、排水方便。并做好进、排水口的拦鱼设备,防止逃逸及野杂鱼进池。

二、亲鱼的选择和培育

亲鱼繁殖的最适年龄为4龄,最适体重为2~2.5千克。放养时雌、雄的搭配比例以3:2为宜,同塘培育。亲鱼的放养密度一般平均每亩放30～35组,并搭配体长15厘米左右的鲢鱼、鳙鱼种200～250尾,以控制池塘水质。忌放鲤鱼、鲫鱼等杂食性鱼类,以免因相互争食而影响其性腺发育。在整个培育期间,投喂饲料一定要严格按照"四定"方法。在亲鱼产卵前或产卵后20～30天,每隔3～5天投喂一次动物性饲料,以增加营养,这对亲鱼的产卵和产后的身体恢复是有利的。性成熟的亲鱼耗氧量大,对低氧特别敏感。加之繁殖时正处于6～7月,水温高,水质变化快,在天气闷热的凌晨,极易发生缺氧,使亲鱼停止产卵,严重时造成泛池,亲鱼大量死亡。尤其是性腺发育良好的雌鱼,更易死亡。因此,对产卵期间的水质要求更严,应特别注意。具体措施有4点:一是由专人负责管理水质,早、晚巡塘,及时发现缺氧浮头的征兆,一旦发生浮头现象,应及时处理;二是从4月初开始,每隔3～5天给亲鱼池加注新水,更换老水,始终保持池塘内水质清新;三是每天适时开增氧机,天气闷热时早开,并延长开机时间;四是保持亲鱼的合理密度,每亩放养量不超过150千克。

三、卵块的收集

该鱼一般在晚上或凌晨前产卵,因而检查时间以上午8点左右为宜。在产卵初期,每隔3～4天检查1次,产卵高峰期则每天检查1次。如亲鱼未产卵,应移动人工鱼巢清洗。如发现亲鱼已产卵,则应迅速将鱼巢移到塘边进行取卵。取卵时一定要避光,用取卵铲顺着桶壁轻铲,使卵块附着部分充分脱离桶壁。

四、孵化管理

1. 消毒防病

孵化管理除了调控水质、控制水流量、检查、清除污物外,最主要的就是做好消毒防病工作。应对孵化设备进行消毒,受精卵移入孵化槽前应消毒,在孵化过程中每1～2天用药1次,直至出膜为止,用药应均匀。使用时避免长期使用同一种药物,以防产生抗药性。每天翻动卵块2～3次,如发现有卵块感病,应立即移出。未受精卵和死亡的鱼卵易感染真菌,卵块表面会出现白色或褐色的棉絮状物,真菌也易感染健康鱼卵,应立即用福尔马林浸泡消毒,但在出膜前1天不能用福尔马林处理。

斑点叉尾鮰鱼卵、鱼苗和鱼种常用化学消毒剂：

病症：卵上的细菌；消毒剂：3 毫克/升的高锰酸钾。

病症：卵上的真菌；消毒剂：100 毫克/升的福尔马林（37% 甲醛溶液）浸泡 15 分，然后冲洗。

病症：苗种感染细菌；消毒剂：3 毫克/升的吖啶黄素，不限时间，或 100 毫克/升，1 小时。

病症：原生动物寄生；消毒剂：3 毫克/升的高锰酸钾，不限时间，或 10 毫克/升，1 小时（防车轮虫）。

病症：其他体外寄生虫或真菌病；消毒剂：①25 毫克/升的福尔马林，不限时间，或 100 ~ 200 毫克/升，1 小时。②1% ~ 3% 食盐溶液，直至出现应激反应（约 1 分）。

2. 孵化水温

卵的最适孵化温度为 26 ~ 28℃，水温低于 20℃ 或高于 30℃ 时都会降低孵化率。该鱼喜欢在弱光下孵化，孵化设施应设在室内。一般 26℃ 左右的水温 7 ~ 8 天鱼苗即可出膜，水温稍低或稍高，孵化时间将延长或减少 1 天。孵出的鱼苗在水体的底部聚集成团，此时的卵黄苗靠卵黄囊提供营养，约 3 天后即可开食，并开始上浮，此时称之为上浮苗，体色由粉红色变为亮黑色。当上浮苗达 1/3 时，开始投饲，每天投喂 8 次，使用全价破碎料。

3. 胚胎发育历程（以 26℃ 为例）

受精 1 天：心脏尚未搏动；孵化 1 ~ 2 天：心脏搏动；孵化 2 ~ 3 天：血痕出现；孵化 3 ~ 4 天：血液开始流动；孵化 4 ~ 5 天：眼点出现；孵化 5 ~ 6 天：眼点明显，胚胎位于卵膜内层；孵化 6 ~ 7 天：可见鱼体全形，血痕消失；孵化 7 ~ 8 天：开始出膜。

鱼卵孵化采用相应类似原理设计的孵化设施均应考虑到水体的变换量，溶氧应达到 5 毫克/升以上，水质保持清新，易于集苗，并设有防苗逃逸设施。

第四节　斑点叉尾鮰的人工繁殖成功案例

一、河北保定地区水产研究所、涿州胡良养殖场斑点叉尾鮰的人工孵化实验

保定水产研究所和涿州胡良养殖场 1992～1993 年课题试验期间，采用池塘放置产卵巢诱导亲鱼产卵，用水车式动力孵化器孵化，获得了成功。

1. 实验材料

卵块取自涿州胡良养殖场。卵受精后吸水膨胀，正常受精卵橘黄色，每克卵 26～33 粒；未受精卵则变成明显区别于正常卵的中间有白点的大卵泡。

2. 孵化器

水车式动力孵化器。水塔的水驱动轮式水车，水流入并列的两个孵化槽，两槽之间装设喷水管，并通过联动装置，使安装在 6 个卵筐间的叶片摆动。孵化槽末端一角，有一可升降的排水管。卵筐中放入 1～2 块卵，重量为 0.5～1.5 千克。

3. 孵化用水

水源为养鱼池塘，水质中等肥度，水温在 22.5～28.5℃。孵化系统总流量 14 升/分，即每个孵化槽 7 升/分。

4. 鱼卵消毒

鱼卵入槽前，用 100 毫克/升福尔马林消毒，持续时间 240～300 秒。

5. 检测水质

监测孵化槽水的溶氧，调整流量和充气时间，使排水溶氧在 6 毫克/升以上。以从卵巢取出的卵块中白卵所占比例确定受精率，以眼点期正常胚胎数量计算发眼率，以胚后期捞出死苗和下塘苗数量推

算孵化率和下塘率。

6. 结果

本地区斑点叉尾鮰的产卵期，1992 年 7 月上旬至 8 月上旬，1993 年提前到 6 月上旬。初产亲鱼产卵较迟，经产亲鱼较早。截止 1993 年 7 月中旬统计，共产卵 32 块，下塘苗 11.5 万尾，详见表 5－3。

表 5－3　1992 年和 1993 年斑点叉尾鮰人工孵化结果

年度	产卵组数	产卵率(%)	受精率(%)	发眼率(%)	上浮率(%)	下塘苗(万尾)
1992	13	8.0	88.5	83.0	40.0	3.5
1993	19	11.6	99.0	93.8	62.5	8.0

二、广西水产研究所斑点叉尾鮰的人工繁殖试验

广西水产研究所 2000～2002 年在那马水产中试基地进行斑点叉尾鮰人工繁殖技术试验，旨在研究斑点叉尾鮰在南方地区人工繁殖技术特点。

1. 亲鱼培育和产卵

后备亲鱼来自石埠养殖场，选择体型较长、体表无伤、性腺发育良好、3 龄以上的斑点叉尾鮰为后备亲鱼，根据头部和生殖孔的特征区分雌、雄，共选 198 尾，雌、雄比例为 1∶1，平均尾重为 2.15 千克。

2. 孵化器

用小方木做框架，规格 60 厘米×40 厘米×23 厘米，8 目聚乙烯网围成，每个鱼苗池中设置 4 个孵化筐，孵化筐挂在水池中，筐口高出水面 10～15 厘米。

3. 孵化用水

试验水源来自大王滩水库，放养和培育期间水温为 13.5～33.3℃，水中溶氧大于 4 毫克/升，透明度 30～35 厘米，pH6.5～7.5。

4. 鱼卵消毒

孵化期间，每天上午用 20 毫克/升高锰酸钾溶液浸浴 1 次，防止水霉病发生，在鱼苗即将出膜时应停止使用。

5. 结果

亲鱼自清明后(4 月 11 日)即陆续产卵，共得卵块 35 块，产卵率

为35.4%,卵块总重为17.8千克,平均28粒/克,平均受精率87%,孵化出卵黄苗36万尾,室内培育至2.8厘米时存活34.4万尾,成活率95.6%,下塘后培育至7～8厘米出售32.4万尾,出苗率为94.2%。

三、云南德宏州农业局水产技术推广站斑点叉尾鮰的人工繁殖研究

云南德宏州农业局水产技术推广站2004～2005年进行斑点叉尾鮰人工繁殖实验。

1. 亲鱼选择

斑点叉尾鮰3～4龄达到性成熟。在生产繁殖中要求在4龄以上,个体在1.5千克,体长33厘米以上。雌、雄比例为1:1。雌、雄亲鱼鉴别方法:雄鱼生殖孔有乳头状突起,而雌鱼没有。雌鱼的泄殖孔有跳动现象,而雄鱼不见此现象。雄鱼的头部宽度超过其腹部,而雌鱼的头部宽度则明显小于腹部宽度。雄鱼繁殖期体色发黑,肌肉发达,而雌鱼则保持正常的深灰色体色。

2. 孵化设备

斑点叉尾鮰的受精卵为沉性卵,孵化时须将孵块悬挂于水层中央并保持冲水、充气,确保受精卵有充足的氧气,防止水质恶化和缺氧导致鱼卵坏死。本试验采用的是孵化桶孵化。孵化桶采用大塑料桶。

3. 孵化用水

鱼卵一旦进入卵化设备孵化,要设专人管理,管理人员必须集中精力,做好管理工作,注意调节好水的流量。由于斑点叉尾鮰鱼卵孵化需要较长时间,所以还必须调节水质和水温,保持溶氧在5毫克/升以上,pH为6.5～8.5,有条件的话,还可将水温调至27～29℃的最佳孵化水温。

4. 鱼卵消毒

对出苗前的卵块每天用10%的高锰酸钾溶液消毒1次,注意清除卵块上的死卵粒和杂质。

5. 结果(表5-4)。

表5-4　2004~2005年斑点叉尾鮰的鱼卵孵化情况

孵化时间	卵粒数量	水温(℃)	出苗时间	孵化时间(小时)	出苗数量(万尾)	孵化率(%)
2004.7.1	1.5	28	2004.7.8	178	0.5	33
7.13	0.9	28	7.20	178	0.03	33
2005.5.22	6	27	2005.5.30	192	0.3	5
6.3	3	27.5	6.11	185	1	33
6.18	12	28	6.25	178	5	41
7.3	14	29	7.8	150	8	57
7.18	5	31	7.22	130	1.8	36
合计	42.4				16.63	

四、结果分析

从上述实例可以看出,从20世纪90年代引进斑点叉尾鮰开始研究,到21世纪初,斑点叉尾鮰的"三率"不高问题较难解决。究其原因有很多方面,但主要原因是亲鱼年龄偏低,个体偏小及性腺发育不良所致。其次是亲鱼培育措施,包括合理的放养密度、充足的饵料、清新的水质等,由于各个研究单位存在不同程度上的问题,所以性腺发育不是很理想。而斑点叉尾鮰和其他淡水鱼一样,繁殖效果取决于性腺发育。

第六章　斑点叉尾鮰的苗种培育技术

鱼苗、鱼种培育是鱼类养殖生产的重要的环节。鱼苗是指孵化后的仔鱼，鱼种是指可以在增养殖水体中放养，供养成食用鱼的幼鱼。鱼苗培育就是指将初孵仔鱼（水花）经一段时间的饲养，培育成3 厘米左右的稚鱼的过程，这个时期的稚鱼通常称为夏花鱼种（寸片或火片）。而鱼种培育是指将夏花鱼种经几个月或1 年以上时间的饲养，培育成10～20 厘米的幼鱼的过程，秋季出塘的称秋花鱼种（秋片），南方地区冬季出塘的称冬花鱼种（冬片），越冬后到翌年春季出塘的称春花鱼种（春片），当年培育的1 龄鱼种也称仔口鱼种。

第一节　苗种的主要习性

一、苗种的分期

1. 仔鱼期

仔鱼期的主要特征是鱼苗身体裸露无鳞片，眼无色素，具有鳍褶。该期又可分为前仔鱼期和后仔鱼期。前仔鱼期鱼苗的腹部携带卵黄囊，以卵黄为营养，后仔鱼期鱼苗的卵黄囊消失，开始摄食外界食物，又称为初次摄食仔鱼。

2. 稚鱼期

稚鱼期典型特征是鳍褶完全消失，运动器官形成。稚鱼期又称变态期。

3. 幼鱼期

幼鱼期的主要特征是侧线明显，胸鳍条末端分支，体色和斑纹与成鱼相似，但性腺未发育成熟。

4. 成鱼期

成鱼期是指性腺初次成熟至衰老死亡。具体的年龄、规格因鱼的种类而异。

鱼类苗种培育阶段包括仔鱼期、稚鱼期和幼鱼期前期。

二、苗种的食性

斑点叉尾鮰属底栖鱼类，较贪食，具有较大的胃，胃壁较厚，饱食后胃体膨胀较大。有集群摄食习性，并喜弱光和昼伏夜出摄食。以天然饵料为主的斑点叉尾鮰和以人工配合饲料为主的斑点叉尾鮰食性有所不同。以天然饵料为主的斑点叉尾鮰在2.3～4.5厘米的鱼苗阶段主要摄食浮游动物、摇蚊幼虫及无节幼体等较小生物个体；随着摄食器官的日趋完善，鱼体的增大，摄食量的增加，逐渐以个体较大的生物为主,在10厘米以后对天然饵料有一定的选择性,主要摄食个体较大的生物,如底栖生物、水生昆虫、陆生昆虫、大型浮游动物、水蚯蚓、甲壳动物、有机碎屑等;在冬季低温期天然饵料不充足条件下能摄食个体较小的虾。以人工配合饲料为主的斑点叉尾鮰,鱼苗、鱼种及成鱼阶段主要是摄食人工配合饲料,但摄食商品饲料的强度鱼苗期要低于鱼种及成鱼,这可能与幼鱼阶段摄食器官发育程度,池塘中对幼鱼适合的天然饵料数量有关。人工培育阶段,在2.3～4.5厘米的鱼苗阶段其食物组成以浮游动物及部分商品饲料为主,10厘米至成鱼阶段则以投喂人工饲料及部分底栖生物、水生昆虫和陆生昆虫、枝角类、无节幼体、轮虫等为主。斑点叉尾鮰在10厘米以前以吞食、滤食方式并用,10厘米以上开始以吞食为主,兼滤食。

第二节　夏花苗种培育

斑点叉尾鮰夏花苗种培育的好坏直接影响到大规格鱼种的成活率与质量。夏花苗种培育是将体长1.5厘米左右的仔鱼期暂养鱼苗在池塘中培育成体长6.0厘米左右的苗种,其培育要经过鱼苗器官发育完善、食性转换、生态环境的适应等环节,池塘条件、放养密度、饵料营养及投喂方式等是夏花苗种池塘培育的关键技术要点。

鱼苗来源需经国家批准的种苗生产场,并经检疫合格。

一、培育池条件

鱼苗培育的场地环境应符合《农产品安全质量无公害水产品产地环境要求》。水源充足,水质清新,进、排水分开,排灌方便,交通便利,养殖用水不得有污染源,水源水质应符合《无公害食品淡水养殖用水水质标准》。水体的溶氧量应在5毫克/升以上,pH为6.8～8.5,适宜透明度为35～40厘米。夏花苗种培育池形状为长方形,东西走向,背风向阳最好,面积不宜过大,1～3亩即可,池深1.8～2.0

米，注、排水渠道分开，注、排水方便。池塘底淤泥厚度应小于15厘米、沙质底或硬质底为宜，池塘底部平坦。配套设施：用电设施齐全，有条件的地方配备增氧机。

二、培育池前期准备

池塘进行清理，池塘底部整平，清除池塘内的杂草及杂物等；鱼苗下池前10～15天，培育池保留水位0.4米深，每亩用生石灰150～200千克带水进行消毒除野，或者用漂白粉、茶饼对鱼池进行消毒；消毒后第二天每亩施放有机肥（猪、牛、鸡、鸭、人粪，必须经过发酵）150～200千克，以培育浮游动物。也可每亩每天用2.0～5.0千克黄豆打浆作为营养补充和肥水；待池塘中大量浮游动物出现水体开始变清时（透明度达50厘米时），将池塘注水（用50目的筛绢布过滤）深0.8～1.0米后，投放鱼苗。

三、鱼苗暂养

斑点叉尾鮰鱼苗刚孵化出来的3天是不用投饵的，依靠自身的卵黄囊提供营养。当卵黄囊消失，体色转黑，开始平游时才需要及时开口摄食。因此如果所购得鱼苗为未开口的卵黄苗，需要进行暂养，而不宜直接下塘。暂养适宜水温为20～30℃，鱼苗放入暂养池时温差不超过2℃。放养密度为每立方米2万～3万尾。水体溶氧量达5.0毫克/升，水质清新，可用增氧设备向水体充氧。斑点叉尾鮰鱼苗暂养分为水泥池流水暂养和网箱暂养。

1. 水泥池流水暂养

将鱼苗放入肥水池中，每立方米投放1万尾左右，开始3～4天，只要保持不断流水，溶氧充足即可。4～5天后，当幼苗发育逐渐完善，能自由游动时，即可开始投喂浮游动物和人工微型饵料，以红虫、摇蚊幼虫等活饵为最好。投喂要少量多次，让幼苗吃好，吃饱，直到幼苗体色从微红转变为深灰色下塘为止。在暂养过程中，一定要保持微流水，溶氧充足，水质清新，定期用浓度为每立方米含8.0克的高锰酸钾消毒。

有研究者2006～2009年在湖北进行了仔鱼期暂养试验池塘条

件及鱼苗放养密度相关性的实验。结果表明，仔鱼流水池暂养适宜面积约为12米^2、放养密度在每平方米1万尾以下，养殖效果最佳（表6-1）。

表6-1　2006~2009年斑点叉尾鮰仔鱼暂养不同放养密度试验

时间	暂养池面积（米^2）	放养密度（尾/米^2）	入池规格（厘米）	出池规格（厘米）	出池数量（尾）	成活率（%）
2006年5月	12	10 000	0.89	1.51	114 100	95.08
2006年5月	12	15 000	0.89	1.36	139 600	77.56
2006年5月	12	20 000	0.89	1.23	151 200	63
2007年6月	18	10 000	0.89	1.39	157 800	87.67
2007年6月	18	15 000	0.89	1.27	203 300	75.3
2007年6月	18	20 000	0.89	1.22	228 100	63.36
2008年6月	12	10 000	0.89	1.56	115 200	96
2008年6月	12	15 000	0.89	1.33	146 500	81.39
2008年6月	12	20 000	0.89	1.19	160 100	66.71
2009年6月	12	10 000	0.89	1.69	115 700	96.42
2009年6月	12	20 000	0.89	1.37	159 200	66.33

2. 网箱暂养

用40~50目尼龙纱布制成2米×0.8米×0.5米的网箱，在幼苗暂养下塘3~4天前把网箱放入经消毒后的池塘中浸泡，以使网箱软化，减少与鱼的摩擦。暂养水体要求透明度在50厘米以上，池中有大量浮游动物。每平方米网箱暂养幼苗5 000~10 000尾。网箱出口应在水面下4~5厘米，以便幼苗能自由地从网箱游到池中。幼苗入箱4~5天后，一般能自由游出网箱，如还有鱼苗未能游到池中，就应将鱼苗放出。幼苗管理主要是应注意水质清新，不能浑浊，水中溶氧在5毫克/升以上，勤洗箱，并检查箱体是否破损，以防幼苗外逃。

四、鱼苗放养

鱼苗经5~6天暂养期后，则可进行5~6厘米夏花鱼种培育。苗种培育可用有流水的水泥池或池塘培育，此阶段的苗种最适培育方法是池塘饲养，池塘水体培育苗种过程中，其鱼苗可摄食天然饵料生物同时能投喂人工配合饵料饲养，有利于鱼苗生长发育所需的营养。

研究发现池塘培育每亩放养1.5～2.0厘米的鱼苗3万尾养殖效果最佳，夏花苗种池塘培育不肥水只投配合饲料的方式，苗种的平均成活率为63.65%，而以浮游动物与配合饵料相结合的投喂方式进行，其苗种的平均成活率为78.07%，高出14.42%（表6－2）。

表6－2　2006～2008年斑点叉尾鮰夏花苗种池塘培育试验

时间	池塘面积（米^2）	池泥厚度（厘米）	放养密度（尾/米^2）	饲养时间（天）	饵料类型	出池规格（厘米）	出池数量（尾）	成活率（%）
2006年6月	1 533	10	45	27	浮游动物与沉性颗饵	6.2	57 690	83.63
2006年6月	1 400	10	75	27	浮游动物与沉性颗饵	5.5	83 316	79.35
2006年6月	2 400	30	45	28	浮游动物与沉性颗饵	6.3	97 366	90.15
2006年6月	2 533	30	75	29	浮游动物与沉性颗饵	5.1	148 217	78.02
2006年6月	3 867	20	45	25	浮游动物与沉性颗饵	5.5	135 213	77.7
2006年6月	4 067	20	75	25	浮游动物与沉性颗饵	4.7	180 023	59.02
2007年6月	1 533	20	67.5	28	浮游动物与浮性专饵	5.3	87 544	84.6
2007年6月	2 400	20	67.5	28	浮游动物与浮性专饵	5.1	136 006	83.95
2007年6月	3 867	20	67.5	28	浮游动物与浮性专饵	4.9	209 866	80.4
2007年6月	5 600	20	67.5	28	浮游动物与浮性专饵	4.5	242 870	64.25
2008年5月	3 400	15	60	30	浮游动物与浮性专饵	6.6	173 503	85.05
2008年5月	3 267	15	60	30	浮游动物与沉性普饵	5.6	138 623	70.72

续表

时间	池塘面积（米^2）	池泥厚度（厘米）	放养密度（尾/米^2）	饲养时间（天）	饵料类型	出池规格（厘米）	出池数量（尾）	成活率（%）
2008 年 5 月	3 333	15	60	30	瘦水与蛋白 40% 专饵	4.9	141 009	70.51
2008 年 5 月	3 533	15	60	30	瘦水与蛋白 36% 专饵	4.5	137 114	64.68
2008 年 5 月	3 400	15	60	30	瘦水与蛋白 32% 专饵	4	113 777	55.77

第三节　大规格鱼种培育

大规格鱼种在池塘或网箱中培育均可，其关键技术要点在于必须采用两个阶段培育，采用二级饲养法，使鱼种在越冬前体重达 50 克以上。斑点叉尾鮰在苗种阶段不宜采用我国培养家鱼苗种的“稀养速成法”，因为斑点叉尾鮰的苗种喜集群觅食，放养过稀不仅水体得不到充分利用，也不利于训练鱼种的集群摄食能力，降低饲料利用率及鱼苗成活率。

由于二者的养殖环境和养殖条件不一样，因此这两者培育方式的技术要求也不一样。这两者培育方式相同的地方的是都应进行分级分阶段培育。

一、池塘培育大规格鱼种

池塘培育大规格鱼种试验的关键技术要点是池塘条件、放养密度、饵料营养、病害防治、鱼种越冬管理等。大规格鱼种池塘培育分为两个阶段，第一阶段是将夏花培育成 10 厘米左右的鱼种；第二阶段是将体长 10 厘米左右的鱼种培育至体重 50 克以上的鱼种。

1. 环境及池塘条件

(1)鱼种培育的场地环境　应符合《农产品安全质量无公害水产品产地环境要求》。

(2)水源水质要求　水源充足,水质清新,进、排水分开,排灌方便,交通便利,水源水质符合《无公害食品　淡水养殖用水水质标准》。

(3)环境因素　水体的溶氧量应在 4.5 毫克/升以上,pH 为 6.8~8.5,适宜透明度为 35~40 厘米。

(4)池塘条件　大规格鱼种培育池形状为长方形最好,面积为 3~10 亩,池深 1.8~2.0 米,水深 1.5 米以上,池塘底部淤泥厚度应小于 15 厘米或硬质、沙质底为宜。

(5)配套设施　用电设施齐全,配备增氧机。

2. 培育池准备

(1)池塘清整消毒除野　大规格鱼种培育池投放苗种前首先进行池塘清整,平整池底,除杂草,并用生石灰清塘消毒。干法清塘,每亩用生石灰 100~120 千克;带水清塘,保持池塘水深 0.5~0.6 米,每亩用生石灰 200 千克化浆全池泼洒。

(2)池塘施基肥　在鱼种培育池清塘消毒后第 2~3 天,每亩施放熟化无污染、无有毒物质的有机肥 150~200 千克,作为池塘培育水质的基肥,但以后不再施追肥。待池塘水体中大量繁殖浮游动物水质变清,水体透明度约 50 厘米后投放苗种。

3. 鱼种放养

(1)放养密度　第一阶段,每亩放养密度为8 000~10 000尾;第二阶段,每亩放养密度为4 000~5 000尾。无论放养何种密度,都必须每亩同时套养规格为 5~6 厘米的白鲢鱼种 100~150 尾、花鲢 10~20 尾,且一次性放足。苗种放完后再用二氧化氯对池塘消毒 1 次。

(2)鱼种质量　鱼种应符合斑点叉尾鮰生物学形态特征的要求,活动力强、体质健壮、体灰色一致,体表光滑,黏液丰富,无创伤、无疾病、无畸形。放养鱼种要求规格基本整齐。苗种在起运前应进行必要的检查,察看其是否携带寄生虫或有疫病的临床表现,且须核查当地检疫部门提供的检疫合格证明。

(3)温差要求　放养时,温差不能大于±2℃,并带水运输。

(4)鱼种消毒　鱼种放养前,要用2%～3%食盐水浸洗5分左右或20毫克/升高锰酸钾溶液中浸洗5～10分。

4. 饲养管理

(1)饲料选择　选择专门的斑点叉尾鮰鱼种的人工配合饲料,最好使用浮性饲料,蛋白质含量36%～38%的配合饵料,投饵采取少量多次,进一步驯化鱼苗集群摄食;使用的饲料必须符合《无公害食品　渔用配合饲料安全限量》。

(2)水质管理　养殖7天后,每3～5天注水10～15厘米,逐渐加水至1.2～1.5米。每10～15天加注新鲜水1次,以调控池塘水质。

二、网箱培育大规格苗种

大规格鱼种网箱培育同样分两个阶段进行,第一阶段是将夏花培育成10厘米左右的鱼种;第二阶段是将体长10厘米左右的鱼种培育至体重50克以上的鱼种。

1. 环境及网箱条件

(1)水源水质要求　选择天然饵料丰富,避风向阳,底部平坦,常年水深5米以上,水质清新,没有污染,交通便利,水源水质符合《无公害食品　淡水养殖用水水质标准》。

(2)环境因素　水体的溶氧量应在6毫克/升以上,pH为6.8～8.5。

(3)网箱设置　网箱设置在水面较开阔,水位平缓,具有一定水流,但流速在0.2米/秒以下的地点,最好靠近村落附近,便于管理。网箱为长方形或正方形,一般采用双层聚乙烯无节网片,网箱大小20～35米^2 比较适宜,网目大小1.2厘米或1.5厘米。

(4)配套设施　用电设施齐全,有条件的配备增氧设备。

2. 培育前准备

鱼苗投放前5～6天,应检查网箱有无破损,提前布置好网具。使网片能充分泡软,附生少许藻类,以防止擦伤幼鱼。

3. 鱼种放养

(1)放养密度　大规格鱼种网箱培育的第一阶段网箱面积放养密度为1 000尾/米^2,苗种生长至体长10.0厘米以上时分箱进行第二阶段培育;第二阶段网箱面积以放养密度为500尾/米^2。

(2)鱼种质量　鱼种应符合斑点叉尾鮰生物学形态特征的要求,活动力强、体质健壮、体灰色一致,体表光滑,黏液丰富,无创伤、无疾病、无畸形。放养鱼种要求规格基本整齐。苗种在起运前应进行必要的检查,察看其是否携带寄生虫或有疫病的临床表现,且须核查当地检疫部门提供的检疫合格证明。

(3)温差要求　放养时,温差不能大于±2℃,并带水运输。

(4)鱼种消毒　鱼种进网箱前用2%~3%的食盐浸洗5分左右或20毫克/升高锰酸钾溶液浸洗5~10分,对鱼体进行浸泡消毒,进网箱后每天用二氧化氯消毒1次,连续消毒2天。

4. 饲养管理

苗种刚进网箱时开始采取少量多次投喂以诱导苗种集群摄食,然后再按鱼种体重比例标准投喂。第一阶段投喂蛋白质含量36%~38%的配合饵料,第二阶段喂蛋白质含量36%的配合饵料。

第四节　饲料投喂与日常管理

一、饲料投喂

1. 饲料选择

饵料是斑点叉尾鮰苗种培育的保障,斑点叉尾鮰在4.5厘米以下时偏重摄食浮游动物(轮虫、枝角类、桡足类)、摇蚊幼虫及无节幼体。待鱼苗能够摄食配合饵料时进入夏花苗种池塘培育。长至4.5厘米后开始同时配合投喂蛋白质含量40%,粒径为1毫米的专用配合饵料;体长6.0~10.0厘米的鱼种投喂蛋白质含量36%~38%的配合饵料为宜,饲料粒径可提高到 2 毫米;体长 10.0~20.0 厘米的鱼种投喂蛋白质含量 36%,粒径 4.5~4.8 毫米的配合饵料为宜。所投喂的饲料必须符合《无公害食品　渔用配合饲料安全限量》。

2. 日投饲量

当规格小于 6 厘米时,每日每万尾投喂 10~12 千克饲料;当规格为 6~12 厘米时,日投饲量为鱼体重量的 4%~5.5%;当鱼体重达到 30~50 克时,日投饲量为鱼体重量的 3.5%~4%;当鱼体重达到 50~100 克时,日投饲量为鱼体重量的 3%~3.5%。具体要根据天气、水温、鱼的摄食情况而定,以投喂后沉性料以 20 分内、浮性料以 15 分内吃完为宜。每次投喂以达到八成饱即可,同时还应对鱼类吃食情况进行检查,具体投喂量见表 6-3。

表 6-3　斑点叉尾鮰投喂量及次数与水温的关系

水温(℃)	10~15	15~20	20~25	25~30	30~32
投喂量(%)	1.0~1.5	2.0~2.5	3.0~3.5	3.5~4.0	2.5~3.5
投喂次数(次)	1~2	2	2~3	2~3	2

3. 投饲方法

最好使用浮性饲料,投饵采取少量多次,进一步驯化鱼苗集群摄食。饲料投喂一般每天 2 次,由于斑点叉尾鮰鱼苗怕光,摄食时间一般在晚上,因此,早上 8 点以前投喂 1 次,下午 6 点以后投喂 1 次。饲料的投喂日要做到"四定",即定时、定位、定质、定量。

二、日常管理

1. 水质管理

良好的水质是确保鱼种生长的重要条件,池塘苗种培育要求池塘水质保持清爽,透明度在 40~50 厘米为宜,水中溶氧应保持在 4 毫克/升以上。3 毫克/升以下将会大大影响生长,同时也会影响到鱼的食欲和降低鱼的免疫抵抗力,所以在鱼池中应备有增氧设施,并做到适时开机增氧。为防止水质变坏,应定期加注清新水,6~8 月,每 10~15 天加注新水 20~30 厘米,进水口要用 50 目的网布过滤。水质过肥,发现异味,水质败坏应及时换水,可先排后进或边排边进,换水量一次最多也只能 20 厘米左右,可多次逐步调好水质,切忌大排大灌造成水质急剧变化而引起养殖对象产生应激，引起病害发生。每20天左右，每亩用生石灰10～15千克化浆后全池泼洒，调节水质及控制pH为6.8～8.5。在7～8月高温季节或阴雨低气压天气，应注意饲养水体溶氧变化，如发现水中溶氧低于3毫克/升或发现鱼有浮头征兆，应减少投饵量、加注清新水、开增氧机增氧。

2. 日常管理

每天坚持巡塘，观察鱼摄食和生长情况，测量水温。在整个培育阶段，尤其是1厘米之前，晴天时，增氧机需从日出开到日落（喂食时关闭），使水体上下层得到充分的交换，防止鱼苗气泡病。夜间需注意观察鱼苗状态，及时增氧与换水。每7～10天检查一次鱼体生长情况，应及时分池、分规格，转入鱼种培育阶段。每半个月调整一次日投饵量，影响投饵量的因素很多，除水温、水质（溶氧、pH等）外，鱼体本身的生理状况、天气、饲料的可口性等对摄食量也有很大影响，因此必须灵活掌握，合理投饵。为了做到数据齐全，每口池塘应建立档案，做好鱼塘记录等日常管理工作，记录每日的投饲、用药、鱼体、水体状况。做好生产日志，为以后的生产提供基础和积累经验。

育苗池中发生青苔等有害藻类和其他敌害生物时均要及时清除、杀灭，保持池水清洁，池边无杂草、杂物。出现水草的池塘可每亩放10～15尾20厘米规格的草鱼，以控制水草的生长。

网箱养殖应每隔15天左右冲刷一次网衣，清除网衣上的淤泥和藻类，保持网箱的通透性。

三、病害防治

在整个养殖过程中，应做到以防为主，养殖过程中不提倡用药，实行综合防治。除做好鱼池消毒、鱼种消毒等一般性工作外，还要经常保持池塘环境卫生，加强水质监控，不投喂变质饲料，并定期用药物预防，进行综合防治。

当鱼苗规格达到3厘米左右时，每亩用生石灰15～20千克化水全池泼洒。3～5天后，用二氧化氯全池泼洒，使池水呈0.3毫克/升。过7～10天后，再用二氧化氯以同样的浓度消毒1次。也可以用碘制剂或溴制剂消毒。一般下塘7天左右需杀虫1次，用硫酸铜和硫酸亚铁合剂化水全池泼洒，使池水呈0.7毫克/升。使用的药品要符合《无公害食品　渔用药物使用准则》。

第五节　鱼种的运输

1. 苗种的选择

在起运前1～3天进行拉网锻炼或网箱中密集吊养，使其排空肠内粪便，减少体表黏液，增强鱼种体质和在池塘与网箱中适应能力。短途运输前拉网锻炼1～2次即可，长途运输则需3～4次。每拉网密集一次，要用20毫克/升高锰酸钾溶液或3%～5%食盐水浸洗1次。

2. 运输用水

运输用水最好使用天然的河湖、水库水，有机物和浮游生物含量低，溶氧量高，微碱性，不含毒物。途中需要换水时，每次换水量一般不超过1/2，最多不超过2/3，以防环境突变。可在运输用水中放1%的食盐，以调节鱼体内外渗透压及预防感染。

3. 运输水温

运输鱼苗水温应控制在10～20℃，运输鱼种时应控制在8～15℃，运输初孵的鱼苗（俗称水花）水温不能低于18℃，气温0℃以下不宜运输，夏季高温时可用冰块降温。

4. 运输方式及密度

为了提高运输数量，降低运输成本，除密封充氧外，一般还可以用走水、淋水、换水、输入空气等形式增氧，有条件时还可以带氧气瓶充氧气或配备过氧化氢、速氧精等增氧。以下介绍几种供氧方法：

（1）淋浴法　又称循环浴法，这种方法是利用循环水泵将水淋入装有鱼的容器中，如此循环利用不断增加容器中的氧气，以保证鱼的需要。这种方法适用活鱼船、车运输时使用。

（2）充氧法　在运输车上安装氧气瓶或液态氧瓶，通过末端装有砂滤棒或散气石的胶管注入装鱼容器中。这种方法适用于木桶或帆布篓等小型包装敞口运输活鱼，也适用于鱼苗、鱼种用尼龙袋运输时使用。

（3）充气法　在活鱼运输车上安装空气压缩机，将压缩空气注入盛鱼容器水体中，补充氧气。这种方法适用于木桶、帆布篓、鱼箱、车、船等运输活鱼时使用。

（4）化学增氧法　在一些缺乏充氧气等条件的场合，可向运输活鱼容器中添加给氧剂、鱼养精、过氧化氢等增氧药品增加水体溶氧。这种方法适用于各种敞口容器运输活鱼时使用。

（5）活水船运法　这是水上运输的特殊增氧方法。

（6）运输活鱼用氧气浓缩装置　最近，日本研制出一种可直接从大气中收集氧气的氧气浓缩装置。这种装置可直接利用车、船上的电瓶作为电源工作。

5. 运输过程中化学药物的使用

运鱼水体中加入一定浓度的有关化学药品，这些化学药品进入鱼体后，能强制改变鱼类在运输中的生理状态，使鱼类进入类似休眠状态，对外界反应迟钝，行动缓慢，活动量减小，体内代谢强度相应降低，从而减少总耗氧量和水体中的代谢废弃物总量，使鱼类在有限的存货空间中能存活更久。运输结束后，将鱼类放入清水中，鱼类可很快恢复正常活动。

目前常用的活鱼运输药物有乙醚、MS－222（间氨基苯甲酸乙酯甲烷硫黄酸盐）、苯巴比妥钠、盐酸普鲁卡因、FA－100（4－烯丙基－2 甲氧基苯酚或称丁香酚）、盐酸苯佐卡因等以及一些不常用的药物，如：二氧化碳、三氯乙醛、三氯丁醇、三溴乙醇、巴比妥钠、戊醇－3、弗拉西迪耳、异戊巴比妥钠、尿烷、2－苯氧乙醇、氯乙醇、喹哪啶、碳酸氢钠。

6. 运输过程中的注意事项

在运输中如发现鱼浮头应立即换水，以补充水中溶氧量，换水量不能超过原水量的 2/3，换入的水必须清新，换入的新水温度与原水温不宜相差过大，不能超过 2℃。在开放式运输时，如换水困难，可采用击水、送气和淋水方法增加水中溶氧，击水时水板不离开水面而上、下振动；送气时应大小适中均匀，时间不宜过长；淋水时力求水珠细小，水珠由高处降落，充分接触空气。还应及时清除沉积于篓（桶）底的死鱼、粪便及残余食物，减少运输途中的氧气消耗。

第六节　苗种培育技术生产实例

一、斑点叉尾鮰苗种培育技术

有人在 2001 年 5 ~ 10 月在宋家场水库水产良种场进行了斑点叉尾鮰苗种池塘培育试验，取得了满意的效果。

1. 池塘条件

试验塘面积 1 100 平方米，长方形，南北向，池深 2 米，水深 1.5 米左右，池塘淤泥 10 ~ 20 厘米，水源为水库水，注、排水方便。

2. 池塘清整与施基肥

5 月中旬排干池水，曝晒 1 周后挖出池底过多淤泥，整平池底，除杂清野，整修加固池埂，然后放水 5 ~ 10 厘米，并用生石灰 200 千克干法清塘。2 天后加水至 50 ~ 70 厘米，加水时用 40 目的网布捆在进水管上滤水，以防野杂鱼进入池塘，同时施发酵腐熟的鸡粪 500 千克培肥水质。

3. 仔鱼苗暂养与放养

5 月 21 日从武汉运回斑点叉尾鮰仔鱼苗 2 万尾，分别暂养在 4 个直径为 70 厘米的圆形塑料盆中，每个盆上方有一支水管不断地往盆中滴水以保持盆中的水质清新和溶氧丰富。每天早、晚用虹吸管抽出盆底鱼苗的排泄物和死亡鱼苗等杂物。最初几天鱼苗集成一团，随着卵黄囊变小消失而渐渐分布到盆底四周。此时开始从池塘中捞取一定量的“红虫”投喂，直至鱼苗全部平游开食。5 月 29 日中午将鱼苗缓缓下塘，1 周后搭配 40 尾/千克的白鲢 300 尾。

4. 苗种饲养管理

鱼苗刚下塘的前几天因池塘中有大量浮游动物生长而不必投喂。5 天后开始投喂斑点叉尾鮰专用饲料，用量为每天 5 千克，分 3 次投喂完，即早上 8 点，中午 1 点，下午 6 点，用水浸泡后沿池塘四周均匀泼洒。每天早、晚巡塘，观察鱼苗活动情况，每晚有微流水注入池塘。6 月 15 日拉网检查，鱼苗体长长至 5 厘米左右，直接在原塘进行鱼种培育，改投鲤鱼种破碎料，并逐步将投饲点缩小集中到池塘一边。投饲量为鱼体重 3% ~5%，分早 8 点、晚 6 点，二次投喂。7 月中旬鱼种体长已达到 8 ~10 厘米，改投粒径 2.0 毫米的鲤鱼种 II 号料，之后投饵率视水温、水质、天气和鱼吃食等情况及时调整，一般为 4% ~8%，投喂时间、地点不变。整个试验阶段共投喂饲料 1 100 千克。

5. 收获情况

10 月 10 日干池清塘验收，经 139 天饲养共捕出斑点叉尾鮰鱼种 675 千克，平均体重 45 克，体长 15 厘米左右，成活率 75%，饲料系数 1.63。产值 18 000 元，支出 6 450 元，利润 11 550 元，投入产出比为 1∶2.8。

二、斑点叉尾鮰苗种健康培育关键技术研究

2006 ~2009 年在湖北省嘉鱼县大岩湖国家级斑点叉尾鮰良种场的池塘及黄梅县永安水库、丹江口水库的网箱中进行斑点叉尾鮰鱼苗种培育试验研究，对苗种培育池塘条件、生态环境因素、营养饵料及投喂方式、放养密度、饲养管理方式等进行研究，为斑点叉尾鮰苗种培育技术规范的制定以及生产应用提供科学依据。

1. 鱼苗来源

试验鱼苗来源于湖北省嘉鱼县大岩湖国家级斑点叉尾鮰良种场。按种质标准筛选亲鱼进行池塘培育，采取常规培育与强化培育相结合，采用池塘自然产卵与人工孵化收获鱼苗。

2. 仔鱼暂养

将刚孵化出膜带卵黄囊的仔鱼在 12 ~18 米^2 的流水水泥池中进行暂养，要求暂养池池底光滑（铺瓷砖），培育至能摄食浮游动物

与配合饵料、体长1.5厘米左右的幼苗，放养密度为1.0万尾/米^2、1.5万尾/米^2、2.0万尾/米^2。

3. 夏花苗种池塘培育

夏花苗种培育在1 400～5 600米^{2}的池塘中进行，放养密度为45.0尾/米^2、60.0尾/米^2、67.5尾/米^2、75.0尾/米^2，将体长1.5厘米左右的鱼苗培育至体长6.0厘米左右时，分池进行池塘或网箱大规格鱼种培育。

4. 结论

仔鱼暂养是斑点叉尾鮰苗种培育的基础。仔鱼暂养必须在流水水泥池中进行，水泥池面积约为12米^2、放养密度在1.0万尾/米^{2}以下为宜，采用投喂浮游动物与蛋白质含量40%的配合饵料相结合的投喂方式苗种成活率较高。

斑点叉尾鮰夏花苗种培育以池塘面积1 400～2 533米^2、放养密度45.0尾/米^{2}为宜，放养的鱼苗应能主动摄食浮游动物，体长在1.5厘米左右。首先将池塘消毒、施肥以培育浮游动物，当池塘水体中浮游动物达到一定密度时投放鱼苗。放养后第三天开始用饵料诱导鱼苗集群摄食蛋白质含量40%的配合饵料。夏花苗种生长至体长6.0厘米左右时分池进行池塘或网箱大规格鱼种培育。

大规格鱼种在池塘或网箱中培育均可，其关键技术要点在于必须采用两个阶段培育，并且鱼种在越冬前体重应达50克以上。池塘大规格鱼种培育的第一阶段适宜池塘面积约为5亩，放养密度为12～15尾/米^2，投喂蛋白质含量36%～38%的配合饵料，苗种生长至体长10.0厘米以上时分池进行第二阶段培育；第二阶段适宜池塘面积约为10亩，放养密度为6～10尾/米^2，投喂蛋白质含量36%的配合饵料。大规格鱼种网箱培育的第一阶段网箱面积以10～25米^{2}为宜，放养密度为1 000尾/米^2，投喂蛋白质含量36%～38%的配合饵料，苗种生长至体长10.0厘米以上时分箱进行第二阶段培育；第二阶段网箱面积以30～50米^{2}为宜，放养密度为500尾/米^2，投喂蛋白质含量36%的配合饵料。

饵料是斑点叉尾鮰苗种培育的保障，鱼苗开口饵料主要以浮游动物为主，同时配合投喂蛋白质含量40%的配合饵料。体长1.5～

6.0 厘米的苗种投喂蛋白质含量 40% 的配合饵料为宜，体长 6.0 ~ 10.0 厘米的鱼种投喂蛋白质含量 36% ~ 38% 的配合饵料为宜，体长 10.0 ~ 20.0 厘米的鱼种投喂蛋白质含量 36% 的配合饵料为宜。

三、斑点叉尾鮰苗种的池塘培育技术

有人自 2011 年 8 月至 2012 年 3 月期间，培育斑点叉尾鮰苗种，下塘时斑点叉尾鮰苗 30 万尾、平均体长 3 厘米，出塘时鱼种数量 27 万尾、平均体长 16.5 厘米，成活率达到 90%，取得较好的成绩。

1. 鱼池的条件

(1) 池塘概况　培育池 4 张，1 号池 2.2 亩(平均水深 0.8 米)、2 号池 2.5 亩(平均水深 1.3 米)、3 号池 2.8 亩(平均水深 1.1 米)、4 号池 4.5 亩(平均水深 1.1 米)，共 12 亩，处于水库坝底，背风向阳，水源排灌方便，四周无高山，光照时间长。

(2) 增氧设备　由于池水较浅，无法用叶轮式增氧机，只能用 1.1 千瓦浮式增氧泵，1 号池 1 台，2 号池 2 台，3 号池 1 台，4 号池 2 台。

(3) 鱼池消毒　鱼池干塘后用生石灰 50 千克/亩全池泼洒，暴晒 2 天后用密布过滤注水至 1 米深，再用茶饼 75 千克/亩进行二次消毒。

2. 苗种培育

(1) 试水　鱼池二次消毒后 7 天用 13 ~ 17 厘米的白鲢或鳙鱼作试水鱼，24 小时试水鱼无死亡，即可放养鱼苗。

(2) 鱼苗放养　鱼苗运到池边后，先用 5% 淡盐水浸泡消毒 4 ~ 5 分再下塘，1 号池 4.5 万尾、2 号池 8 万尾、3 号池 6 万尾、4 号池 11.5 万尾。

(3) 驯饵　鱼苗下塘后第二天即可投喂，喂前先敲打饲料桶或鱼塘基 1 ~ 2 分，待投喂点水域有鱼听到响声浮出水面觅食后再投饲料，经过 5 天左右当鱼苗听到响声便大量集中浮出水面觅食时，驯饵过程便顺利完成。

(4) 饲料投喂　严格按照“四定”(定时、定量、定质、定位)及“三看”(看天、看水、看鱼)的原则情况进行投喂。定时：每天早、晚各喂 1 次，早上投喂在 10 ~ 11 点，下午投喂在 4 ~ 5 点，遇阴雨连绵天气或久晴转阴雨天气则不投喂。定量:投喂时按照"慢、快、慢"的方法进行,先投少量饲料诱鱼来食,当鱼大量抢食时则加快投喂速度,鱼抢食基本结束时便停止投饵,投喂量掌握在鱼苗种吃到八成饱左右。根据苗种的生长和吃食情况7天左右调整一次投喂量。定质:保证投喂新鲜的饲料,不投喂受潮变质或已过保质期的饲料。定位:固定在水较深的一个地点投喂,这样可避免因鱼苗种抢食而使水浑浊,从而影响到鱼苗种的吃食效果。

3. 日常管理

(1)水质控制　尽量避免过量投喂留下残饵影响水质,根据水质情况每10~15天更换池水1/3,注入新水,使池水的透明度保持在25厘米左右,保持水质"肥、活、嫩、爽"。

(2)增氧　晴天斑点叉尾鮰苗种浮头一般不很严重甚至不浮头,根据情况在凌晨3点左右开增氧机,上午9点关增氧机,中午12点再开2小时增氧机;阴雨天或久晴转阴雨天气则在晚上2点左右开增氧机,至翌日鱼苗种浮头现象消失后2小时再关增氧机。

(3)巡塘　晚上7~10点每半小时巡塘一次,重点观察鱼苗种有无浮头或暗浮头现象,如有应及时开增氧机并每2~3小时巡塘一次察看增氧效果,早上再巡一次塘,除察看增氧效果外还要看有无池水漫出或泄漏而造成逃鱼。

(4)塘基清整　及时清除塘基杂草,使苗种天敌如蛇、鼠等无藏身之地,减少鱼苗种的病虫害。

小知识

斑点叉尾鮰的捕捞及运输

一、运输前的拉网训练

无论是饲养在池塘中或网箱中的成鱼或鱼种,在实行分箱、过筛或运输以前都必须先行训练,以便提前排出体内积存的废物,如粪便、过多储存的黏液等,使鱼逐渐适应密集环境,减少过度的应激反应,减少受伤,提高成活率。

饲养在网箱中的鱼的训练方法与池塘不同，一般采用的方法是：训练前12小时停食，训练时，先将箱中的鱼集中在1/3箱内密集6小时不动，然后将1/3的网箱再提，让鱼在十分密集的情况下激烈翻腾5分，然后放开。每隔2小时再进行一次，共3次，做完以后就把网箱全部放开，这个过程共计12小时。鱼放开后可喂一次食，以后的24小时再重复一次即可进行运输。

实践证明，没有经过训练的斑点叉尾鮰在运输过程中体表的黏液层会成块脱落，成活率较低。

二、捕捞方式

池塘养殖的捕捞方式分为完全捕捞和部分捕捞两种。完全捕捞通常采用反复拉网或将池塘排干的方式。部分捕捞即每一次仅从池塘中捕出一部分鱼，一般用拉网起捕或者在食台附近用抬网捕捞。网箱捕捞则相对简单，通常是整箱捕捞或者捕捞部分。每次捕捞后都要对剩下的鱼进行消毒，以防止拉网造成鱼体受伤，造成病菌感染。

三、运输方法

目前普遍采用的运输方法是氧气瓶充氧，这个方法具有简便、运输密度高、成活率高、成本低等优点，值得提倡。在高温季节，可以在水中加适量的冰块。另外可以在运输的水体中加乙醚、MS－222(间氨基苯甲酸乙酯甲磺酸盐)、苯巴比妥钠、盐酸普鲁卡因、FA－100(4－烯丙基－2－甲氧基苯酚或称异丁香酚)、盐酸苯佐卡因等提高运输成活率。

为防止上市过于集中，最好是在不同时间，放养不同规格的鱼种，产品分散上市；而且，错开在春、夏季上市的商品鱼可获得更高的利润和效益。

第七章　斑点叉尾鮰的成鱼养殖技术

斑点叉尾鮰既可在池塘中养殖，也可在江河、湖泊、水库等大水面放养，同时也是高密度流水养殖、网箱养殖及工厂化养殖的重要品种，我国目前斑点叉尾鮰的成鱼养殖方式仅限于池塘和网箱养殖。

第一节　斑点叉尾鮰成鱼养殖原则和产量质量目标

一、斑点叉尾鮰成鱼养殖原则

斑点叉尾鮰成鱼养殖首先要确定养殖产量和质量目标。确定目标的原则主要是以下三个方面：

第一，综合考虑各种因素，其中最重要的是经济、社会和生态三方面的原则。发展养殖在满足市场需求、获取最大经济效益的同时，尽可能地降低养殖生产过程中对社会、生态环境所产生的负面影响，从而达到可持续发展的目的。

第二，水产品直接涉及广大消费者的健康，在追求高产、高效目标时，必须要优质，优质包含规格、外观及无公害产品的质量标准，使产品既能面向国内市场，也能走向国际市场。

第三，根据具体养殖条件、养殖技术所能达到的实际水平，综合权衡最终制定各种指标，既不脱离实际，又有一定的前瞻性。

二、斑点叉尾鮰成鱼养殖产量和质量目标

参照国外的经验和国内近30年的实践，制定现阶段斑点叉尾鮰养殖目标如下：

塘鱼成鱼产量目标指定为400～500千克/亩，处于国内外中上等水平。

鱼种养成成鱼的成活率在90%以上。只要放养鱼种规格整齐、无伤残，体重达到30～50克，运输、放养时间得当，养殖过程得力，通常能达到目标。

商品鱼平均体重达到500克以上；其中1/3以上能长到750克以上，达到出口和加工标准。

产品质量符合无公害水产品各项质量指标。

第二节 池塘健康养殖技术

一、池塘管理

要求生态环境良好、水源充足、排灌方便，在不受工业“三废”及农业、城镇生活、医疗废弃物污染的同时，还要兼顾到交通、电力方面的便利。

池塘为长方形，东西走向，面积在3~10亩，水深1.6~2.0米。池底平坦，淤泥少，有注、排水设施，进、排水方便，水质清新，pH7.0~8.5，每口池塘配备3千瓦增氧机1台，2.2千瓦潜水电泵1台。

1. 鱼种放养

鱼种放养前15天，先清除池底淤泥，保持水深6~10厘米，用生石灰60~75千克/亩进行消毒。消毒2周后，施有机肥100千克/亩，然后逐渐加水至1.5米，待池塘水体中出现大量浮游生物后即可放苗。

2. 鱼种消毒

斑点叉尾鮰鱼种必须到正规场家购买，鱼种要纯正，宜就地购买，以减少运输损伤。鱼种放养前用3%~5%的食盐溶液浸泡5~10分。以杀灭鱼种体表的病原微生物，同时具有消炎作用，从而增强鱼种的抵抗力。

3. 放养模式

一般放养大规格斑点叉尾鮰鱼种800~1 200尾/亩，鱼种要求规格整齐、体表无伤、活动能力强，同时可以套养规格为50克/尾左右的滤食性鱼类(如鲢鱼、鳙鱼)40~50尾/亩。不宜套养食性与斑点叉尾鮰相似的鱼类，如鲤鱼、鲫鱼、草鱼，否则不利于斑点叉尾鮰的摄食和生长。有研究学者报道过，由于搭配了鲤鱼、鲫鱼而使斑点叉尾鮰生长大受影响，后将鲤鱼、鲫鱼捕起，才使斑点叉尾鮰得以迅速生长。

4. 放养时间

斑点叉尾鮰宜选择春节前后放养，因为冬季水温低，伤亡小，能延长鱼的适应时间，增长生长期，有利于鱼苗早开食、早生长。最好于晴天现捕现放。鲢鱼、鳙鱼等滤食性鱼类的放养可在4月上旬进行。

5. 巡塘

每天早、晚各巡塘1次，查看水质，观察鱼情，发现问题及时处理。每天要捞除池中杂草、污物、死鱼，保持塘口清洁卫生，并做好塘口记录。

6. 鱼病防治管理

斑点叉尾鮰抗病力相对较强，患病少，很多情况是养殖水体环境不良、饲养管理不善而造成病原体侵袭所致。因此在饲养过程中要采取综合防病措施，以预防为主。主要措施有：

第一，在鱼苗、鱼种入塘前，应严格消毒，用2%～4%食盐水浸浴5分或20毫克/升高锰酸钾溶液浸浴20～30分。当鱼苗、鱼种下塘15天后，1立方米水使用1～2克漂白粉泼洒1次。

第二，在高温季节，饲料中按每千克鱼体重每天拌入5克大蒜头或0.47克大蒜素，同时加入适量食盐，每次连续6天。

第三，巡塘时，若发现死鱼应及时捞出，埋入土中。病鱼池中使用过的渔具要浸洗消毒，可用2%～4%食盐水浸浴5分，或20毫克/升(20℃)高锰酸钾溶液浸浴20～30分。

第四，鱼体转运时温差不能超过3℃，池塘换水时换水量不宜太大，以免鱼体产生应激反应，降低鱼体抗病力。

第五，平时除定期用生石灰消毒外，还可不定期使用水质净化剂改良水质。饲料中定期添加多维，预防鱼病的发生。

二、饲料投喂技术

斑点叉尾鮰属于摄食性鱼类。在实际生产中，应选用正规厂家符合质量标准的斑点叉尾鮰专用颗粒饲料，切不可使用霉变过期的饲料，以保证斑点叉尾鮰的体色和品质，并获高产。投喂时须做到投匀、投足、投好。鱼种阶段投饲量为鱼体重的3% ~5%。成鱼阶段为鱼体重的4% ~6%,具体投饲量应根据水温进行适当调整。根据斑点叉尾鮰喜欢弱光摄食的习性,开始驯化摄食颗粒饲料的时间应定在黎明和傍晚,每天2次。经过10~15天的驯化后,就可定于每天上午8点和下午5点定点投喂。投喂要坚持"四看"和"四定"。为了观察鱼的吃食情况,应在池中搭设饲料台,这样既能掌握投饲量,也易于残饵清理和疾病防治。

三、斑点叉尾鮰的养殖水质要求

斑点叉尾鮰耐低氧能力相对较差,易浮头或泛塘,对水质要求较高,养殖过程中要长期保持水质肥、活、爽,透明度保持在25~30厘米,定期注排水。7~9月每10~15天换水1次,每次换水20~30厘米。水质过浓、透明度低于25厘米,应及时冲注新水。每月用生石灰10~15千克/亩全池泼洒,使池水呈微碱性,以利于鱼类的生长和鱼病的预防。

养殖池配备的增氧机械,每天于午后和清晨各开增氧机1次,每次2~3小时,高温季节每次3~4小时。闷热或阴雨天气及傍晚下雷阵雨,提早开机,鱼类浮头应及时开机。中途切不可停机,傍晚不宜开机。

第三节 网箱健康养殖技术

一、水面选择及网箱设置要点

斑点叉尾鮰是温水性淡水鱼类,适温在0~38℃,最适生长温度为21~26℃,在水温低于10℃时基本停止摄食和生长。因此,选择水库养殖斑点叉尾鮰时,应选择水源稳定、避风向阳、水温适宜、水质良好且无污染的水库,最好有一定的微流水,无泥石流等自然灾害。

一般使用小体积网箱，用聚乙烯无结网片缝制而成，网目 2.0～2.5 毫米，网箱规格 4 米×3 米×3 米或 3 米×2 米×3 米，呈“井”字形或“品”字形排放。

二、鱼种放养要点

养殖一般采用二级放养。第一级从长度为 10 厘米养至尾重 150 克，第二级从尾重 150 克养至750～1 500 克，也可以直接从尾重 50 克的鱼种养至成鱼。规格为 8～10 克的鱼种放养密度为 300～400 尾/米^2，尾重 150 克的鱼种养殖密度为 150 尾/米^2。

由于斑点叉尾鮰体表无鳞，因此，在苗种进箱及换箱时应尽量小心操作，防止造成机械损伤，苗种进箱前应以食盐水消毒，混养时不可搭配草鱼、鲤鱼、鲫鱼等，以免影响其生长和产量，但可适当搭配鲢鱼、鳙鱼以调节水质。

斑点叉尾鮰性情温驯，有集群习性，易于捕捞。随着鱼体不断长大，为调节好养殖密度提高效益，可分批捕捞或轮捕轮放。

三、饲料投放要点

斑点叉尾鮰原来属于肉食性鱼类，经多年养殖驯化，转变为以植物性饲料为主的杂食性鱼类，主要摄食对象是底栖生物、水生昆虫、浮游动物轮虫、有机碎屑及大型藻类。在网箱养殖中可投喂全价配合饲料，也可投喂糠、麸、鱼粉、豆饼、玉米等原料配制而成的颗粒饲料，但要求蛋白质含量达到 34%～36%，在鱼体长到 6 厘米以前投喂粉状饲料，6 厘米以后可使用粒径 2～4 毫米的颗粒饲料，一般水温在 5～36℃的情况下均可投喂。坚持定时、定量、定质、定点投饵，苗种入箱后应利用投饵措施对其进行摄食驯化。斑点叉尾鮰虽为底层鱼，但经驯化也可上浮抢食。一般鱼种进箱后对其进行 1 周的驯化，驯化方法是驯化先敲击饲料桶或盆，使之形成条件反射每日驯化 2 次，分别在上午 7～8 点和下午 4～5 点，按照“慢－快－慢”的节奏和“少－多－少”的原则掌握投饲速度与投喂量。投喂量应根据水温、鱼类规格及其实际摄食情况灵活掌握，每次投喂以鱼不再集群抢食为止。一般在鱼苗培育阶段，日投饲量占鱼体总重的 8%，成鱼阶段水温 15～21℃时，投喂量为鱼体总重的 3%，15℃以下时为 1%，每天投喂上午占 40%，下午占 60%。另外，斑点叉尾鮰喜欢在阴暗的光线下摄食，有昼伏夜出的习惯，故夏季可在网箱附近挂上黑光灯诱虫为食。

四、日常管理要点

网箱养殖斑点叉尾鮰，日常管理十分重要。首先要定期检查，做好记录，定期检查鱼类生长情况，记录每天水温、摄食、投喂、死鱼、病害等情况，其次要经常刷洗网箱污物，清除网衣附着藻类，使网箱内外水体充分交换。对破损的网箱要及时修补，可以在每个网箱内放养几尾红鲤鱼，作为检查网箱是否逃鱼的指示鱼。当水库水位涨落时，要及时把网箱调节至水深适宜的位置。

五、病害防治要点

斑点叉尾鮰疾病较多，尤以病毒性疾病危害较大，因此必须以预防为主，除注意常规消毒外，还要坚持不喂变质饲料，并定期进行药物预防，尤其在高密度养殖中更为重要，应切实做好防病治病的工作，落实“无病先防、有病早治、防重于治”的方针。

第八章　斑点叉尾鮰的疾病防治技术

斑点叉尾鮰的鱼病防治是养殖过程中的一个重要环节，近年来由于新的疾病不断发生和流行，疾病的防治也成为养殖成功与否的关键点，应切实做好防病、治病工作，落实“无病先防、有病早治、防重于治”的方针，降低养殖风险。

一、病毒性疾病

1. 斑点叉尾鮰病毒病

斑点叉尾鮰病毒病是斑点叉尾鮰幼苗培育的一种病毒性疾病，在我国尚未产生大规模的流行，极少数苗种在繁殖场的夏花苗种培育过程中发生过。

【病原】斑点叉尾鮰病毒。

【症状】患病毒病的斑点叉尾鮰摄食量下降，病鱼头朝上在池塘边或网箱边浮游，受惊后常出现痉挛式旋转游动，呆滞和头朝上垂直悬浮于水中。死亡前反应迟钝，眼球突出，有时肛门突出，侧卧。鳍基部出现淤血点或充血，腹部和尾柄处充血，腹部膨大，腹腔内有黄色或淡红色腹水，肠道内有淡黄色黏液。鳃出血苍白，肝、肾失血，脾脏肿大，呈黑红色。肾、肝、胃、肠道、脾、骨骼肌出血或淤血。

【危害与流行】斑点叉尾鮰病毒病主要危害斑点叉尾鮰鱼苗、鱼种，对斑点叉尾鮰幼鱼感染力非常强，传染发病速度快，主要危害10厘米以下的鱼种，3～4月龄的幼鱼也会感染，可造成斑点叉尾鮰幼苗大规模死亡。病害流行的水温在25℃以上时（流行适温为28～30℃）会暴发流行。病程一般为3～7天，在主要发病期1周内死亡率可达90%，残存鱼生长缓慢。

【防治方法】单从药物治疗该病很难治愈，故应改以预防为主，治疗为辅。引进鱼苗和鱼种时严格实施检疫，避免引进带有病毒的斑点叉尾鮰；加强饲养管理，保持良好饲养水质，控制斑点叉尾鮰苗种的放养密度，在网箱中饲养成鱼的放养密度一般应不高于15尾/米^3；在水温比较高时，不要拉网作业，不要运输鱼种等。

2. 斑点叉尾鮰出血病

【病原】斑点叉尾鮰呼肠孤病毒。

【症状】患病鱼不摄食，游泳无力，头朝上尾朝下悬于水面上，不久便死亡。死亡个体眼球突出，鳃丝发白，吻端、鳃盖、鳍基出血，体色变浅，腹部膨大，腹腔内有大量淡黄色或淡红色腹水；肝脏呈灰白色并有出血点，肾脏、肠壁出血。

【危害与流行】斑点叉尾鮰出血病主要发生在7～8月，水温

28～32℃,主要感染 6～14 厘米的斑点叉尾鮰鱼种,死亡率约 60%。

【防治方法】目前尚无有效治疗出血病的方法,在发病期间施用化学药物效果甚微。抗病毒中草药制剂可在一定程度上延缓病情恶化。检验繁殖用亲鱼,避免引进携带斑点叉尾鮰呼肠孤病毒的鱼苗,是控制病毒性出血病的重要方法。在养殖过程中,控制放养密度,谨慎操作,尤其应避免在高温季节或气候剧烈变化的情况下进行拉网、施药、转运等操作,减少对鱼体的刺激,可以减少病毒性出血病的发生。改善养殖环境,控制好水质,是预防病毒性出血病发生的重要措施。投喂优质洁净饲料,增强鱼体对外界环境的适应能力和对病原感染的抵抗能力,可减少病毒性出血病的发生。

3. 斑点叉尾鮰白点病

【病原】淋巴囊肿病毒。

【症状】体表出现白色小点,病鱼游动缓慢,吃食下降,有浅黄色的腹水产生,此病一般与其他细菌性疾病并发。鱼体表的白色小点形成之前类似于红色血泡,血泡破裂后形成皮肤溃疡状白色小点,往往会被疑为由单孢子虫导致。

危害与流行:此病最容易在天气变化尤其高温季节下雨后发生。该病死亡率在 20% 左右,严重点的可能会更高些。

防治方法:单从药物治疗该病很难治愈,故应改以预防为主,治疗为辅。鱼虾毒克拌料内服,连用 5 天,PV 菌毒嘉或水产灭毒精消毒水体,连用 3 次。

二、细菌性疾病

主要由气单胞菌、柱状屈桡杆菌、爱德华菌和嗜麦芽寡养单胞菌感染引起。在病鱼中占相当大的比例。

1. 出血性腐败病

【病原】嗜水气单胞菌。

【病状】此病多发于春季或初夏。当鱼出现出血性腐败症时,鱼在水中呈呆滞的抽搐状游动,停止摄食,体表有圆形稀疏的溃疡(皮肤、肌肉坏死),腹部肿胀,眼球突出,体腔内充满带血的液体,肾脏变软肿大,肝脏灰白带有小的出血点,肠内充满带血的或淡红色的黏液,后肠及肛门常有出血症状、肿大。

【防治】一般采用内外结合治疗法。可用0.8%的强氯精或其他消毒剂泼洒水体(由于网箱微流水用药浓度稍大)。选用磺胺剂、喹诺酮类及其他抗生素(如磺胺、甲氧嘧啶、恩诺沙星等)中的任何一种搅拌在饵料中投喂。磺胺类药物每天每千克鱼投喂药物约200毫克,抗生素每天每千克鱼投喂40~50毫克,连续5天。

2. 腐皮病

【病原】柱状黄杆菌继发真菌感染。

【病状】初期在病鱼躯干部、头部出现损伤,或鳍条有灰白点,并有轻微充血。当病状扩大时,则变成灰白色溃疡。皮肤完全被侵蚀、肌肉暴露。随着感染加深,导致鱼类死亡。另外感染鱼的鳍被腐蚀后,病原体扩散到身体其他部位。通常鳃丝末端开始有褐色的坏死组织,发展到鳃丝基部,真菌可作为继发性病原侵入这些病变部位。

【危害与流行】该病一般发生在3~4月,水温超过25℃会很快治愈。

【防治】柱状病的防治可用1%~3%的食盐水浴直至鱼有不安状。用喹诺酮类或磺胺类药物,每千克鱼用药200毫克拌入饵料投喂,同时用0.8毫克/升的强氯精泼洒网箱水体。

3. 肠道败血症

【病原】鮰爱德华菌。

【症状】消化道充血发炎,肠道内有大量脓状物,鳃丝发白,全身有细小的红斑或淡白色斑点,头部充血发红,肝脏出现类似的斑点。

【防治】鱼种下箱前用1%~3%的食盐溶液浸浴至浮头;发病季节用0.35~0.4毫克/升浓度的二氧化氯全箱泼洒连续2~3次进行预防;用塑料布将网箱围住,然后用5~10毫克/升高锰酸钾溶液全网箱泼洒,1~2小时后(具体视鱼的耐药力而定)将塑料布移开,每天1次,连续3天;用内服药制成的药饵连续投喂7~10天;每天每吨鱼用15~20克氟本尼考加适量维生素C或鱼用多维拌饵投喂,连续5~7天。

4. 肠套叠病

【病原】嗜麦芽寡养单胞菌。

【症状】病鱼整日漫游于水面上层，反应迟钝，不吃食，鱼体消瘦。体表（特别是腹部和下颌）充血、出血，腹部膨大，腹腔内充有淡黄色或带血的腹水，胃肠道黏膜充血、出血，肠道发生套叠，甚至肠脱，肠腔内充满淡黄色或含血的黏液。该病发病突然、传染快、死亡率高，各种年龄的斑点叉尾鮰都可发病，体表出现圆形或椭圆形的褪色斑，体内出现腹水肠炎和肠套叠等病变现象。

【防治】及时调换饲料品种，选用市场信誉好的大企业生产的品牌全价斑点叉尾鮰颗粒饲料。对已发病的鱼，首先要把投饵量减下来，日投饵量为发病前的1%。外用药可用生石灰全箱泼洒或二氧化氯挂袋。该病菌耐药性比较强，但对氟本尼考敏感。每吨鱼每天用氟本尼考15～20克拌饲料投喂，连续5～7天，可以控制病情。网箱养殖中，控制网箱放养密度在200尾/米^{2}以下；用塑料雨布或帆布做成网箱体积1.3倍的消毒箱，消毒时从网箱底部套起，用3%的食盐水浸泡鱼种20分；投喂含“三黄粉”的药饵连续投喂5～7天。考虑到网箱斑点叉尾鮰养殖中投饵过多，鱼的肝脏负荷过重，此时可以适当添加一些保肝护肝的药物，以提高鱼体的免疫力。

三、真菌病

水霉病

【病原】水霉。

【病状】发病初期肉眼不易察觉，当肉眼可见时，菌丝已长入肌肉，且蔓延扩展，很快向外长出绒絮状的白色菌丝体，与伤口坏死组织缠绕并黏附在一起，使该患处的肌肉腐烂。病鱼行动缓慢，食量减少，且常浮于水面，最终极度瘦弱至死。此病多发生在水温较低的冬季或早春，体表受伤的鱼极易受水霉菌的寄生。

【防治】加强饲养管理，捕捞等作业时小心操作，尽量避免损伤鱼体。越冬前根据镜检结果用药物杀灭寄生虫可有效预防此病。鱼种放养前用3%～5%的食盐水溶液或10毫克/升的高锰酸钾溶液浸泡5～10分或用浓度为10毫克/升的高聚碘浸泡鱼体10～15分。网箱中可用塑料布将网箱围住，然后用2～3毫克/升的亚甲蓝全箱泼洒，每天1次，连续3天。每天内服药拌饵投喂，连续5～7天。

四、寄生虫病

1. 鱼波豆虫病

【病原】鱼波豆虫。

【病状】寄生于鳃部和体表。被寄生部位由于分泌过多的黏液而形成一层灰白或带有蓝色的膜，有时会出现细菌的继发性感染。全年均可发生此病，但在水温较低时危害较大。

【防治】鱼波豆虫病防治可用0.5克/米^{3}硫酸铜和0.2克/米^{3}硫酸亚铁合剂泼洒防治。每天1次，3天1个疗程。

2. 毛管虫病

【病原】毛管虫。

【病状】寄生于鳃部，严重时鳃组织肿胀、贫血，有时腐烂。对鱼种和成鱼都能构成很大危害。

【防治】可用0.5克/米^{3}硫酸铜和0.2克/米^{3}硫酸亚铁泼洒来防治。

3. 小瓜虫病

【病原】多子小瓜虫。

【病状】小瓜虫病是危害最严重的疾病。小瓜虫侵袭鱼的皮肤、鳃和鳍条，被寄生的部位遍布白色小点状的囊泡。严重时体表覆盖一层白色薄膜，鱼不摄食，呼吸困难，极度消瘦，病鱼游动甚缓，常漂浮于水面，不断摩擦网箱或池壁，不久便成批窒息死亡。此病感染力极强，传播迅速，有可能100%死亡，如苗种的暴发性死亡。初冬至春末流行。

【防治】将生姜和干辣椒（按每立方米水体用40克生姜和20克干辣椒配成）熬成的汤汁，全池或箱泼洒，每隔2天1次，连续2～3次。如网箱养殖，用塑料布将网箱围住，然后用15～30毫克/升浓度的福尔马林溶液，全箱泼洒1～2小时后（具体药浴时间视鱼的耐药力而定）将塑料布移开。每隔2天1次，用药2～3次。用塑料布将网箱围住，然后用1～2毫克/升芳草灭瓜灵溶液全箱泼洒，1～2小时后（具体药浴时间视鱼的耐药力而定）将塑料布移开。每天1次，3天为1个疗程。

4. 车轮虫病

【病原】车轮虫以及小车轮虫。

【病症】主要寄生于斑点叉尾鮰体表皮肤、鳍。少量寄生时，斑点叉尾鮰摄食及活动正常，大量寄生时易导致鳃、皮肤黏液增生，鳃丝充血，体表皮肤具出血小点，食欲下降，投饵时鱼体集中于饵料台下游，不上台摄食或上台摄食易散群。病鱼体色加深、鱼体消瘦，喜于池边或池底摩擦。一般不会导致大批死亡。流行高峰为春、夏季及秋季，尤其在暴雨季节，养殖水受地表水污染时易导致车轮虫感染。

【治疗】用一定浓度的福尔马林或用30～50毫克/升硫酸铜与6毫克/升硫酸亚铁溶液(5∶2)全池或箱泼洒，每天1次，3天为1个疗程；用0.5毫克/升嘉虫清泼洒，每天1次连用3天，使用时先用60～80℃的温水浸泡2小时后再泼洒。

5. 指环虫病

【病原】指环虫。

【症状】该病对斑点叉尾鮰养殖的危害影响很大，严重时可造成大规模的死亡。指环虫主要寄生在鱼鳃上，也可寄生在鱼的皮肤、鳍或口腔、鼻腔等处。寄生少量时，症状不明显。大量寄生时，病鱼鳃丝黏液增多，鳃丝受到后固着器的刺激和破坏，肿胀或贫血呈苍白色，分泌大量黏液，有的发生变性、坏死或增生，有的整个鳃部没有一点血色，有的往往感染真菌。一般每尾鱼鳃部上寄生着几十个，多的达上百个不等。病鱼呼吸困难，游泳缓慢，鳃盖难以闭合，最后窒息而死。

【治疗】用30～50毫克/升的食盐水浸洗3～5分，具体时间视鱼体质情况而定；用30～50毫克/升的高锰酸钾药浴15分左右，具体时间视鱼体质情况而定；每个网箱(3米×3米)吊挂敌百虫瓶或用10～20毫克/升药浴，可视鱼体质情况适当加大药物浓度和延长药浴时间。

6. 黏孢子虫病

【病原】黏孢子虫。

【症状】黏孢子虫主要侵袭鱼体皮肤、鳃瓣及鳍条，形成包囊。

病情愈发展,包囊愈大,数量愈多,皮肤表面糜烂、发白。病鱼日渐消瘦,变黑,活动迟缓,体表产生较多黏液。鱼苗受害比成鱼严重,严重时发病率可达90%以上,此病一年四季均可发生。该病根据症状和镜检即可做出诊断,注意与小瓜虫病区别。

【治疗与预防】在放养网箱周围用生石灰泼洒,可以杀灭藏在网箱青苔中的部分黏孢子虫及虫卵,起到预防的效果。

五、营养性疾病

【病因】饲料中的营养成分过多或过少,饲料变性或能量不足,均会引起斑点叉尾鮰的营养性疾病。

【症状】常见症状有脂肪肝病、维生素缺乏症等。病鱼肝脏、胆囊肿大、胆汁发黑、胰脏色淡,病鱼零星死亡。

【防治】改进饲料配方,提高饲料质量,适当增加饲料中维生素和无机盐的用量。

总之在斑点叉尾鮰疾病防治过程中,要坚持"以防为主,防重于治"的方针,切实采取以下措施:苗种入箱前,要用食盐等药物浸浴消毒;放养体质健壮、游动活泼、无病无伤的苗种;投喂新鲜、优质饲料;定期泼洒药物消毒水体和投喂药饵,提高鱼体免疫力;发现鱼病,及时治疗。

第九章　斑点叉尾鮰的营养价值与食用方法

斑点叉尾鮰鱼是大型的淡水鱼类，最大个体可达 20 千克以上，含肉率高，蛋白质和维生素含量丰富，肉质细嫩，味道鲜美。斑点叉尾鮰鱼肉质细腻、口感好，在营养价值上仅次于鳗鱼。

第一节　斑点叉尾鮰的营养价值

斑点叉尾鮰肉质鲜美,肥而不腻,无肌间刺,与其他鱼类相比,斑点叉尾鮰更具有高蛋白质、低脂肪的营养学优点。据测定,斑点叉尾鮰含肉率为75.71%;肌肉中粗蛋白质占19.42%,脂肪占1.01%,水分占77.5%,含有钾、锌等多种微量元素及多种维生素,其中铁、锌的含量较高,对补充人体发育所需的锌和防治贫血所需的铁具有重要意义。斑点叉尾鮰体内含有丰富的鱼油,鱼油中不饱和脂肪酸含量为76.40%,其中多不饱和脂肪酸为18.03%,单不饱和脂肪酸为58.37%,含人体必需的不饱和脂肪酸达7.3%,DHA和EPA(通称脑黄金)含量为25.1%。饱和脂肪酸含量为20.91%,多是低于C_{18}以上的中、长-链脂肪酸。鱼油中的这些脂肪酸比长链脂肪酸更有益于健康,是营养价值高的医疗保健品。斑点叉尾鮰肉中还富含钙、磷、铁、钠、镁等矿物质。作为一种营养价值全面的优质水产品,斑点叉尾鮰深受美国、加拿大和其他许多国家消费者的欢迎,加工好的成品和半成品在西欧、日本等地均较畅销,国内外市场前景广阔。

第二节　斑点叉尾鮰的食用方法

斑点叉尾鮰在美国的主要加工方法是将鱼去头、去皮、去内脏,然后将鱼体两侧肌肉片成两块鱼片,速冻包装上市。在我国,斑点叉尾鮰的食法也很多,可煲汤、清蒸、红烧,也可把鱼片生炒。

1. 榨菜鮰鱼煲

斑点叉尾鮰因其肉厚无刺，皮滑肉嫩，肥美味浓，而备受食客的喜爱。鮰鱼的营养价值极高，具有大鲜、大补的特点，通常用来做成煲仔菜，尤适合用榨菜来焖制，以调出其鲜味，鮰鱼鲜美嫩滑，别有一番滋味。

（1）材料 斑点叉尾鮰1条，榨菜丝100克，蒜1头，青蒜2根，油3汤匙，白糖1/4汤匙。

（2）做法 ①洗净宰杀好的斑点叉尾鮰，切成2厘米厚的段，置于盘中。②榨菜丝用水清洗一下，沥干水分；蒜头剥去外皮，切成两半；青蒜去根洗净，切成段。③烧热加3汤匙油，先放入蒜粒炒香，再放入鮰鱼，以小火慢煎至鱼肉变色。④倒入榨菜丝，与鮰鱼块一同拌炒均匀。⑤注入1碗清水搅匀，加盖开大火煮沸，改中小火焖煮10分。⑥撒入青蒜段，加盖以小火续煮2分。⑦加入1/4汤匙白糖调味，盛入煲仔内即成。

（3）提示 ①斑点叉尾鮰和胡子鲇的外形类似，其实两者略有不同：斑点叉尾鮰身形肥短，腹部较白，尾部长且开叉；胡子鲇身形较小且软滑，黏液较重，尾部呈扁圆形，无开叉。②斑点叉尾鮰相对胡子鲇而言，其土腥味较轻，但还是要用油煎一下，以去除斑点叉尾鮰的异味和黏液。③袋装榨菜丝的咸味浓，要用水洗一下，去除多余的盐分，可避免榨菜过咸，容易抢味。④不同品牌的榨菜，其咸味会有不同，调味时应先试味再下调料，以免成菜过咸发苦。⑤斑点叉尾鮰性平味甘，具有补脾利水、通气消胀、益阴壮阳、养血补虚、养心补肾、消肿等功效，对水肿、脚气、腰酸腿软、痔疮、癣疥、耳痛、沙眼等症皆有一定的食疗作用。

2. 白汁鮰鱼

（1）材料 斑点叉尾鮰1条（1 250克），白糖5克，葱结1段，盐3克，姜2克，猪油150克，竹笋100克，味精2克，绍酒30克。

（2）做法 ①鮰鱼剖腹、去内脏、去鳃，清水洗净，放在砧板上，齐鳍斩下鱼头，在肛门处切下鱼尾。将鱼中段剖成两片，每片各斩成4小块；鱼头一劈两片，再各斩成2块；鱼尾竖切成4块。将鱼块放入开水锅中略烫取出，用清水漂洗干净。②竹笋剥去壳，清水洗净，切成菱形。③炒锅上旺火，放入猪油，烧至七八成热，下葱、姜煸出香味后出，再放入鮰鱼块稍煎，烹酒后加盖重焖，以去其腥味，随即下笋片，加盐、糖、清水（以淹没鱼块为度），加盖烧开后用小火焖烧15分左右，而用旺火稠浓卤汁，放味精，出锅装盘（图9－1）。

图9－1　白汁鮰鱼

3. 家炖江鮰

（1）材料　斑点叉尾鮰1条，植物油、酱油、啤酒、花椒、大料、葱段、姜片、蒜末、香菜各适量。

（2）做法　将鱼去内脏和鳃，冲洗干净，放入热油中煎至稍变黄色，放入花椒、大料、葱、姜、啤酒、酱油，加入清水略没过鮰鱼，大火烧开后小火炖20分左右。待汤汁稍稠时将味精和蒜末放入锅中，出锅装入盘中，放入少许香菜，再把锅中剩余汤汁倒在鱼上，即是一道口味鲜美、回味无穷的美味佳肴。

4. 清蒸江鮰

（1）材料　斑点叉尾鮰1条，葱丝、姜丝、精盐、味精、花椒、酱油等各适量。

（2）做法　将收拾好的斑点叉尾鮰用热水烫一下，放入盘中，加入葱丝、姜丝等调料蒸熟即可（图9－2）。

（3）特点　汁味浓厚，肉嫩味美。

图9－2　清蒸江鮰

5. 红烧鮰鱼

(1)材料　鲜活斑点叉尾鮰1条(1 500克),高汤、猪油、酱油、味精、精盐、芡汁、葱段、料酒、姜块、糖各适量。

(2)做法　①鮰鱼放血后,将中段净肉剁成4厘米见方的块。②葱姜炝锅,倒入鮰鱼块,加料酒略炒。③添水加盖,烧至鱼肉松软时调味,上色。④用小火烧至鱼肉透味,汤汁浓稠时,改用旺火收芡。⑤淋猪油,撒葱段,装盘(图9－3)。

图9－3　红烧鮰鱼

(3)特点　色泽金黄,肉质肥厚,油润爽滑,味道鲜美。

(4)提示　①火候的掌握要根据鱼肉质地变化而定。②鱼块烧至七成熟时,再下精盐,否则,鱼肉紧缩,不易入味。